種子法廃止でどうなる？

種子と品種の歴史と未来

農文協 編

農文協
ブックレット

まえがき

額を寄せ合うおばあさんの輪の中にいろいろな豆が並び、掌にのせて品定めしたり、情報をやりとりしている。民俗研究家の結城登美雄さんが撮影した岩手・久慈市で江戸時代から続く市のひとこまだ（10頁）。彼女たちにとって、春先の豆の交換は海産物や野菜を売ることにも劣らぬ市の大事な役割だ。種子はこのように地域で伝えられてきた「みんなのもの」（公共財）なのだろう。

稲、麦、大豆などの種子についていえば、農家と国や農業試験場などでの育種の成果があいまって品種が開発され、公的機関と種子場ＪＡ、農家の協働によって均質で優良な種子が生産されてきた。

２０１７年4月、国会で、稲、麦、大豆の優良種子の生産・普及を都道府県に義務づける「主要農作物種子法」の廃止が決まった（施行は２０１８年4月1日）。規制改革推進会議が主導する農業競争力強化策の一環であり、国は民間企業の種子ビジネスへの参入を促すとする。しかし、都道府県が予算の根拠とする法律がなくなることで、地域の種子の品質向上や安定供給のシステムが崩れかねないとの懸念が強まっている。さらには「農業競争力強化」という名の規制緩和策とあいまって、やがては遺伝子組み換え作物を中心に種子と農薬をセットで売り込む多国籍企業のビジネスモデルに巻き込まれ、農家が種子と農法の自由を奪われることになるのではないかという不安も広がっている。

本書はＰＡＲＴⅠで人間にとって種子とはどういうものかを問い、稲の育種と種子生産を民から官が引き継いできた歴史を振り返る。ＰＡＲＴⅡでは種子法とはいったいどういうもので、なぜ廃止され、どんな影響が予想されるかを、Ｑ＆Ａ方式で解説する。また、稲の育種と種子生産を行なう農業試験場とＪＡ、農家を訪ね、現場の声を集める。ＰＡＲＴⅢでは種子を支配する多国籍アグリビジネスが世界の農業に与えている影響をみる。また、それに対抗し食料主権を求める動きとともに、日本での規制緩和がその流れに逆行していることを押さえる。ＰＡＲＴⅣでは日本で種子を守るために動き出した人々の思いを伝える。

種子法廃止は、一般にはほとんど知られていなかった稲、麦、大豆の育種や種子生産の実態や意味を改めて問い直すきっかけにもなった。本書が未来に向けて種子について考える手がかりとなることを期待しています。

２０１７年10月

農山漁村文化協会編集局

目次

PART Ⅱ　種子法廃止でどうなる?

巻頭エッセイ

種子は半商品である

内山　節

自然と人間の共同の営みとしての経済学

私の好きな経済学者にフランソワ・ケネーがいる。彼は18世紀のフランスの経済学者であり、一時はフランス経済学の中心に座ったものの、産業革命が起こると過去の経済学者とみなされるようになっていった。代表作には『経済表』がある。

いま「好きな経済学者」と書いたのは、その理論が正しかったかどうかではなく、その発想が私は好きだからである。彼は経済活動における自然の役割を理論のなかに組み込んだ唯一の経済学者だったといってもよい。ケネー以外の経済学者は、チェルゴーのような

ケネー派の経済学者を除けば、経済を人間の活動とみなす。人間が商品をつくり、その商品が流通、消費されていく過程が経済なのである。

だがケネーはそうは考えなかった。彼にとっては経済とは、自然と人間の共同の営みなのである。ケネーは経済活動を生産的な労働と不生産的な労働に分けている。工業や商業などは不生産的労働だと考えた。その理由は、これらの分野では新しい富が生産されるのと同量の富が消費されていると考えたからである。たとえば鉄を生産するときには、まず鉄鉱石が掘り出されなければならない。また燃料としては当時は木炭を利用していたから、木の伐採をふくむ製炭労働がおこ

なわれる必要がある。それらが製鉄所に運ばれるためには輸送労働がおこなわれ、さらに製鉄の労働がおこなわれる。この全過程では道具などの損耗も発生するし、働いている人たちが必要とする食糧や衣服なども消費されていく。つまり、富の生産は富の消費なのである。だからケネーは、工業や商業では富の生産と消費が均衡していて、この分野では新しい富は生産されていないと考えた。

とすると私たちの社会は富の増加をもたらさないのか。そうではないとケネーは主張した。農業だけは追加的な富を生産しているのだと。なぜそれが可能なのかといえば、農業は人間だけでおこなわれているのではなく、自然と人間の共同作業として成立しているからである。だから自然が生産している分だけ新しい富が増加していく。この増加分が社会のなかで循環し、農産物以外のものに変換されながら社会のなかに蓄積されていく。それが経済の本質だというのがケネーの理論だった。

この経済学は、産業革命が起こると無視されるようになっていく。工業における商品の生産力が爆発的に拡大しそれが社会を変えるようになっていくと、自然の生産力は顧みられなくなっていった。すべてを商品の生産と流通でとらえ、自然を排除して経済を考える時代がはじまった。

倫理なき経済がもたらすもの

ところが今日の先進国ではケネーの再評価が起こっている。彼の自然価値説に魅力を感じる人たちが生まれてきたということもあるけれど、あらゆるものを商品化する社会への嫌悪が発生していることもその理由のひとつだろう。

経済学の始原という言葉を使うと、最近では古代ギリシアのアリストテレスにそのはじまりを求める人たちが多くなっている。たとえばアリストテレスの『ニコマコス倫理学』で重視されていたのは「徳」という概念だった。いわば人間の倫理的な発想なのだが、人間たちにとって一番必要なものは「幸福」であり、それは「よく生きる」ことによって実現する。それを可能にするためには、社会も経済も「徳」による抑制がきいていなければならないという考え方だった。経済は野放しにしてはならず、その上に「徳」が成立していなければならない、ということである。

市場原理主義者が市場にすべてをゆだねる経済学の創始者としてもちあげた18世紀イギリスのアダム・スミスも、今日では市場原理主義とは違う読み方をする人たちがふえている。スミスの初期の本である『道徳感情論』とセットで読もうという主張である。この書は倫理学の本であり、セットで読んでみると、スミスは社会や経済に対する倫理的な抑制を前提として市場を考えていたことがわかる。

倫理なき経済は人間を退廃させ、最終的には社会も経済も劣化させていく。古典経済学には、たえずこのような問題意識があった。逆に述べれば、このような問題意識をもたない経済理論が跋扈《ばっこ》した時代が今日であり、それはたかだかこの半世紀のことに過ぎないのである。そしてこの半世紀のあいだにあらゆるものが商品化され、市場が世界の中心に座るようになった。古典経済学が保持していた倫理的抑制も投げ捨てられ、私たちの社会はまたたく間に退廃していった。

そして、だからこそ、アリストテレスを注目したり、アダム・スミスの読み方の変更、ケネーの再評価などが起こってきたのである。

せめぎ合う、農業をめぐるふたつの動き

農業の世界においては、20世紀終盤からふたつの動きが併存してきた。ひとつは農業を徹底的に市場経済化していこうとする動き、もうひとつは市場経済を活用しても市場的価値だけに依存しない生産や流通のあり方を模索する動きである。前者は農業の企業化や世界市場の自由化、協同組合の解体などの動きとして展開してきた。いうまでもなくＴＰＰ（環太平洋経済連携協定）はそれに沿った動きであったし、「農協改革」を迫る動きも依然としてつづいている。今回の種子法の廃止もこの路線にしたがっている。この動きにおいては、最終的には、農業における資本・経営と労働の分離がめざされることになるだろう。そうすれば種子、機材、生産、流通、消費の全過程が完全に市場化できるからである。それは農業の商品生産化を完全なかたちで実現しようとする方向性である。

それに対して後者の動きは別の方向性を模索していた。自然との共同作業としておこなわれる農業、農村とともにある農業、農民と消費者の支え合う関係の構築などがここでは追求されていた。それはケネー的に

いえば自然とともにある経済の推進であり、アリストテレス的に述べればよりよく生きることのできる社会をつくるための経済の模索である。今日とはこのふたつの動きが併存し、せめぎ合っている時代である。

半市場経済としての農業
半商品としての種子

ところで、次のこともまた述べておかなければならないだろう。それは農業は、そもそも、完全な資本主義化が不可能な分野だったということである。自然とともにおこなわれる生産である以上、人間がつくる計画どおりにはいかない。さらには農村という地域社会とともにそれは展開する。すなわち、市場外的要素に強く影響されるのであり、さらに述べれば農業は資本主義的な意味では純粋な経済活動ではないのである。それは生命活動であり、地域社会と結ばれてこそ成立する。資本主義化できるとすれば流通以降なのだが、それもまた流通過程の対応が生産過程を圧迫するようになれば、農業もまた衰退して流通自体も自己矛盾を抱え込むことになる。とすれば農業は半市場経済としてしか成立しない。半市場経済とは、市場を利用はするが市場経済の論理だけでは展開しない経済のことである。

とすると農業を完全な市場経済下におこうとする試みは、農業の持続に困難をもたらす、ということになる。本来でいえば種子もまた自然と人間の共同の営みが生みだしたものであり、たとえ流通したとしても半商品なのである。

農業は商品経済の論理を超えていく要素を内蔵してこそ持続的に展開する。そのあり方を守ることが、農業への視点でなければならないはずである。

うちやま・たかし　1950年東京生まれ。哲学者。1970年代から東京と群馬県上野村を往復しながら暮らす。2015年3月まで、立教大学大学院21世紀社会デザイン研究科教授をつとめた。著書『内山節著作集』（全15巻、農文協）、『半市場経済』（角川新書）、『いのちの場所』（岩波書店）など。

Column

写真：結城登美雄（民俗研究家）

豆の種を交換する

岩手の久慈市では、毎月三と八のつく日に市が立ち、近在のおばあさんたちが野菜や雑穀、果物、海産物などを売りにくる。４月末、おばあさんたちは身を寄せ合って、持ち寄った自慢の豆の種を交換する。菓子箱などに入れた大豆や小豆、さまざまな豆の種を茶碗や猪口ですくっては、やりとりしていく。毎年同じ種を使っているとだんだんよく育たなくなっていくことを、経験で知っているからである。種は知恵や情報とともに交換されるものだった。

PART I

歴史からみる種子と品種

種子の文明史的意味

藤原辰史

人は種子を食べ、種子を保存してきた

種子とは何か。

経営学的には農業生産資材のひとつであり、簿記上は生産費の一項目であり、園芸ショップでは商品のひとつであり、小学校では理科の教材であり、大学や研究所では実験の資材である。しかし、これらの説明では、種子という奥深い世界のほんのわずかしか語っていることにならない。

花の咲く植物である種子植物は、胞子で子孫を増やすシダ植物やコケ植物と異なり、種子を持つ。その種子は、通常、雄しべの葯にぎっしり詰まっている花粉が雌しべの柱頭に受粉し、子房で受精してから成熟を遂げて生ずるもので、胚と胚乳と種皮からなる。胚は、種子中にある幼い植物で、胚乳はその栄養分である。しかしながら、以上の生物学的説明も、種子を語り尽くしたことにはならない。

人類は、その栄養価が高い胚乳を胚もろとも食べて、個体を保持し、子孫を残してきた。そのなかでも主要なものが麦や米や大豆である。食べるだけではな

い。これらを毎年安定して収穫できるように種子を採り、食べるのを我慢して、休眠状態にしてネズミや害虫から守り、次の季節に播く、ということを繰り返してきた。種子には、食べる種子と食べない種子がある。植物の種子を食べなければ、地球の人口はこんなにも増えなかっただろうし、種子を保存しなければ、人類はこんなにも長く地球上に存在しなかっただろう。

増やし、改良し、限界を知る

他方で、食べられる種子を食べないという行為は、動物にはできない。動物にとって種子はすべて食べものでしかない。種子を増やすために温存することは、人類しか営むことのなかった原初的な行為であった。つまり、種子とは人類の特徴を考えるとき、きわめて貴重な証言者なのである。

第一に、種子を増やす、という行為である。食べものを一時的に保存するという行為は、未来のために現在の行動を制約することだが、これは人間以外にも見受けられる。たとえば、リスや野ネズミやオナガには木の実をある場所に隠して保存する「貯食行動」が見られる。狩猟採集で生きてきた人類もそうだっただろう。貯食行動の過程で自生した木もあったかもしれないが、意図的にその木の実を植えて木を育てようとはしないし、その必要もない。つまり、未来のために、種子を育て、増やそうとしたのは、新石器時代の人類の大きな発見であった。

第二に、種子を改良することである。たとえば、エゾリスは質のよい松の実を選ぼうとするだろう。だが、エゾリスは、よい松を選ぶことはあっても、松を育て、その実をもっと栄養価に富んだものにしようとはしない。一方で、人類は、播いて育った植物の種子のうち、発芽がよいものや本体から外れにくいものを次世代の種子として残すことを覚えた。そうすることで、植物は、人間にとって都合のよいものに変えられていく。

しかし、第三に、種子の「改良」は人間が思っているほど、人間の力によってなされるのではなく、自然のさまざまな現象に左右されやすいものであり、自然のなかでは人間の行為など微々たるものにすぎない。こんな事実を確認することも、種子を扱う行為に含まれる。自然の扱い方について農耕民が狩猟採集民よりも優れているわけではないように、種子を改良できる人間は、種子を食べるだけの人間より高度である理由も根拠もない。

種子を増やし、改良して、人間の限界を思い知る。これらの行為は、人間が人間らしくなるためのきわめて根源的な行為であった。人間の歴史は、種子の歴史と分かちがたく結びついているのである。しかも、種子をめぐるこれらの行為には、公共性、共有性、そして自然性が深く根ざしている。公共性とは人間と人間の相互作用のこと、共有性とは人間が他人とモノの共有を介して文化と精神と社会を切磋琢磨して築き上げること、自然性とは、植物個体とそれが生息する生態系との絶えざる相互作用のことである。

改良された種子もだれのものでもない

種子は、それが播かれる土地の食、風景、虫の増減、生態系を大きく変える恐れがあるから、決して上から強圧的に播かれるべきものでも、改良されるべきものでもない。なにを播くか、それは種子の本来の性質からして、その土地に生きる人々の協議やそれに基づいたルールでしか決めることはできない。そのため、種子の担い手には、国家よりも地域、グローバル企業よりも地域の種苗家こそふさわしい。

そして、改良された種子は、だれのものでもない。「改良者」は、人間だけではないからだ。改良は、自然の摂理に対する人間のはたらきかけと、風、虫、土壌、空気、太陽、気温、湿度などのはたらきと、それへの見守りのなかでしか生まれない。また、よい種子であれば、それは別の土地の作物の改良にも役立つので、いつでも交換しやすいようにしておかなくてはならない。別の土地との関係を良好に保つことにも役立つ。昔からなされてきた種子の交換は、種子の特性を活かした行為である。

種子が「所有物」となった事件

ところが、いま、公共性、共有性、そして自然性が種子から剥ぎ取られようとしている。膨大な資金を持つ企業が、種子の遺伝子を自社に都合のよいように改良した程度で自分の「所有物」として扱い、商品として売るようになった。つまり、種子を扱う人間がつねにぶつかってきた人間の限界を忘れるようになった。

その大きな転換を示す事件には、1998年、カナダの農民パーシー・シュマイザーが、モンサント社が

開発し特許を有する遺伝子組み換えカノーラ（ナタネの一種）の種子を増やしたとして訴えられた「シュマイザー・モンサント事件」が挙げられるだろう。種子は、近所の農家から風で飛んできて自生したものであったが、それが特許権の侵害とみなされたのである。結局、最高裁では、モンサントが求めていた損害賠償と訴訟費用の支払いは却下されたとはいえ、シュマイザーの敗訴に終わった。

この事件は、ついに種子が種子でなくなったことを意味する。遺伝子の特許が植物全体に及んでいるかのような思い上がった錯覚を法的に追認することで公共性と共有性を失った種子は、花粉の風媒や虫媒という自然現象さえも、イレギュラーであり、また障害物として捉えるようになりつつある。

種子法廃止が私有化を加速する

２０１７年４月、日本の国会で可決された「主要農作物種子法を廃止する法律案」は、こうした流れを日本列島で加速することこそすれ、止めることはしない。

近現代の歴史は、あらゆる公共性と共有性を私有化し、自然と身体をそれぞれ「土地商品」と「労働力」へと商品化して、苛烈な市場の競争にさらすことで、民間企業の市場拡大を進めていく歴史であった。もうすでに、多くの在来品種が、段ボールに入りにくくて流通に向かない、見た目が悪いので知識のない消費者が購入しない、といった理由で地球上から消えていった。救貧救荒用の穀物貯蔵庫も、交通機関も、ライフラインも、山の湧き水も、山それ自体も、人々に共有されてきたあらゆるものが私有化され市場の神に捧げられてきた。それが、ついに、種子に及んだのである。

種子法は、国と都道府県に優れた種子を増やすように指示した。なぜなら、種子の増殖は生育条件を厳しく設定する分、手間も資金も必要だから、農家は避けようとするからである。

種子の改良を無菌無風の真っ白な実験室で行なえるようになった研究所、とくに営利企業にとって、種子の公共性と共有性と自然性は障害に見えやすい。民間の種子開発意欲を削ぐ、という理由が種子法廃止の理由らしいが、そうすれば、種子は、すべての人々のための公共財から、単なる私有財に、生態系から切り離せない存在から、単なる機械の部品に変容してしまう。

種子は、人間の鏡である。種子に映る未来は、人間の未来であり、種子が味わう受難は、人間が味わう受難である。なぜなら、人間は善きにつけ悪しきにつけ種子を変化させることで変化してきたからである。

種子から公共性と共有性と自然性が奪われると、人間からもそれらが奪われる。人間も、ある特定の人間にとって都合のよい存在でしかなくなり、その人間にせっかく公共に利する点があったとしても、それを抹殺してしまう。画一化された生に満たされた社会を心地よいと思う感覚は、それを望んだ支配者たちが、人間の断種と人種教育と粛清に陥っていった歴史を知るものには、恐怖以外のなにものでもない。

※本稿は『季刊地域』31号（2017年秋）から転載した。

ふじはら・たつし　京都大学人文科学研究所准教授。1976年北海道生まれ、島根県出身。専門は、農業技術史、食の思想史、環境史、ドイツ現代史。著書『稲の大東亜共栄圏』（吉川弘文館）、『ナチス・ドイツの有機農業』（柏書房）、『ナチスのキッチン』（共和国）、『トラクターの世界史』（中公新書）、『戦争と農業』（集英社インターナショナル新書）など。

イラスト＝山福朱実

日本農業にとって品種とは

農民育種と試験場育種が織りなす多様性

西尾敏彦

木簡時代以前からあった日本人と品種のつき合い

日本農業の歴史で、人びとが品種に関心をもつようになったのはずいぶん昔のことのようだ。奈良・平安時代の遺跡から出土した木簡に、すでに稲の品種名が記されているというから、そのずっと前から品種は存在したのだろう。驚かされるのは、その木簡の記載と同じ複数の品種名が江戸中期の土佐の農書『清良記《せいりょうき》』にあることとである。

『清良記』といえば、わが国最古の農書といわれる。同書には、水稲だけでも早・中・晩計60品種、陸稲12、インディカ8、大・小麦それぞれ12品種、ほかに大豆・粟など、多くの品種名が列記されている。やや遅れた福島県の『会津農書』（１６８４）にも、里田に適する早・中・晩稲、山田に向く早・中稲、ほかに砂田、泥田、谷地田、新田など、それぞれの田の条件に応じ、多数の適品種が紹介されている。

品種改良熱が最高になったのは、農業の近代化が叫ばれた明治になってからである。明治10年（１８７７）に兵庫県丸尾重次郎が見出した「神力《じんりき》」をはじめとして、宮城県本多三学《ほんださんがく》らの「愛国《あいこく》」（１８９２）、山形県阿部亀治《あべかめじ》の「亀ノ尾《かめのお》」（１８９３）、北海道江頭庄《えがしらしょう》三郎《ざぶろう》の「坊主《ぼうず》」（１８９５）、京都府山本新次郎《やまもとしんじろう》の

「旭《あさひ》」（１９０８）など。いずれも国中の農家に愛され、昭和10年代まで広く各地で栽培されていた。

果たして明治時代には、どれほどの品種がこの日本に存在したのか。明治37年（１９０４）に農商務省農事試験場が道府県に依頼して全国の稲・麦品種を集めたところ、稲だけでも約４０００種が集まり、最終的には６７２品種に整理されたという。

中央に脊梁山脈をもち南北に長いわが国では、それがつくる複雑な地形と気象環境の故に、さまざまな農業生態系をもつ多くの地域が形づくられている。私たちの先祖はこのひとつひとつの地域に、世代を超え長い歳月をかけて多様な品種をつくってきた。台風常襲地ではそれを回避できる早生種を、寒冷地ではそれに耐える耐冷品種を、温暖多雨地帯には倒伏や病害に強い耐伏・耐病性品種を、不良条件に立ち向かい稲づくりに励んだ農家の情熱が、これら多くの個性的品種を育ててきたのだろう。

ちなみに平成29年（２０１７）３月時点の都道府県水稲奨励品種の実数は、うるち２６３、もち69、合計３３２品種、延べ数にすれば７１２品種に達する。個人採種の品種も加えればさらに数百品種が追加されるだろう。日本人の品種に対する思い入れの深さが伝わってくる。

農家と地域の多様性が育てた交配品種

わが国の品種改良に人工交配育種法が採用されたのは明治37年（１９０４）、当時大阪府にあった農商務省農事試験場畿内《きない》支場が最初であった。大正５年（１９１６）までに早・中・晩１３２品種を育成、それ以後も「畿内○号」名で多数の品種を全国に配布したが、実際にはあまり成功したとはいえないようだ。〈中央の１カ所で育成した品種を遠く離れた全国各地の農家に配布する〉当時の方式では、農家に受け入れられる品種はできなかったのだろう。交配品種が実際に農家に歓迎されるようになったのは大正末、秋田県大曲町にあった農事試陸羽《りくう》支場がつくった「陸羽１３２号」（１９２１）が最初である。昭和初年の東北の大冷害で威力を発揮し、東北の農家によろこばれた。

交配品種が本格的に農家に浸透するようになったのは、各都道府県試験場で育種事業がはじまった戦後のことである。早場米を求める北陸の農家に応えた新潟県農試並河成資《なみかわしげすけ》の「農林１号」（１９３１）、冷害に苦しむ北東北の農家を救った青森県農試田中稔の「藤坂《ふじさか》5号」（1949）、増産に燃える農家の期待に応えた愛知県農試香村《こうむら》敏郎《としろう》の「日本晴《にっぽんばれ》」（1963）、良食味時代に備えて育種に励んだ福井県農試石墨《いしずみ》慶一郎《けいいちろう》の「コシヒカリ」（1956）など。〈氏より育ち〉というが、品種の出来・不出来は交配親の選択以上に、育成地の適否によって決まるもの。品種育成には現場の稲に聞き、生産者に聞くことがとくに重要なのだろう。

ついでながら、地域が交配品種育成の適地なら、農家にできないはずはない。その好例が山形県庄内の農家工藤《くどう》吉郎《きちろ》兵衛《ひょうえ》が育成した交配品種「福坊主《ふくぼうず》」（1915交配）である。阿部《あべ》勘次郎《かんじろう》らの「大国早生《おおぐにわせ》」とともに東北地方に普及し、各県の奨励品種にもなった。今もつづく個人農家育成の交配品種はこうした伝統を受け継ぐものだろう。高く評価したい。

交配育種の利点は、複数の品種が別々にもつ多収性、良食味性、耐病性、耐冷性などの有用形質を1品種に盛り込むことができることである。そのためにはすぐれた親品種が多数求められる。図I―1に今日〈おいしい米〉と評価の高い「コシヒカリ」「ひとめぼれ」など、名だたる良食味品種の系統図を掲げた。こ

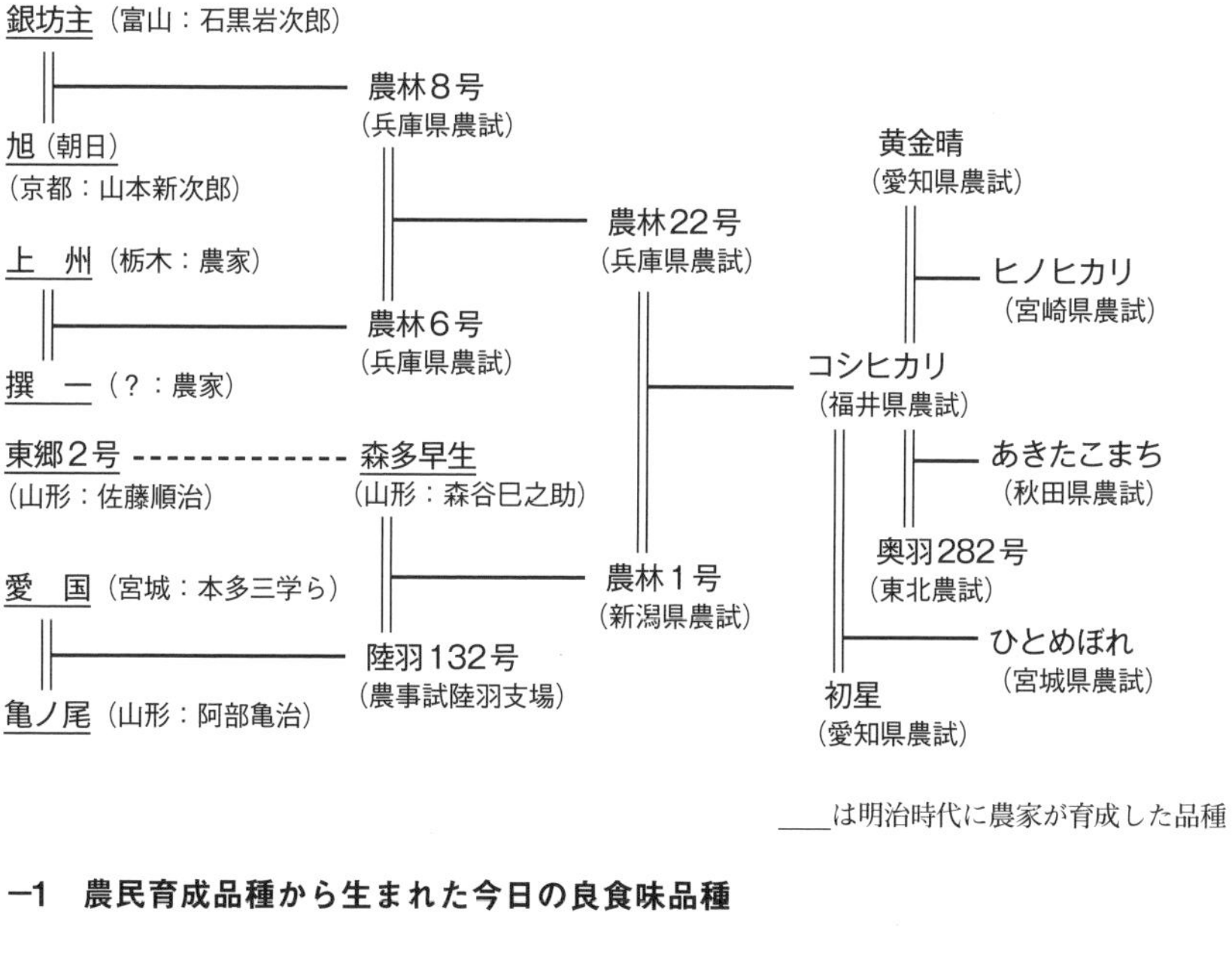

図I―1　農民育成品種から生まれた今日の良食味品種

れらの品種のルーツもほんの3～4代さかのぼれば農民育成品種にたどりつくことがわかるだろう。良食味を京都の「旭」から、良食味・耐冷性を宮城の「愛国」と山形の「亀ノ尾」から、耐肥性と強稈性を富山の「銀坊主」からなど。それぞれの土地で磨きあげられた品種の特性がこれらの品種に盛り込まれている。現在、わたしたちが毎日口にするどんな品種にも、その背後に農民育種家たちの血のにじむような努力があったことを忘れないようにしたいものである。

永続性と地域性・多様性が日本農業の近代化を支えてきた

「主要農作物種子法を廃止する法律案」成立直前、平成29年（２０１７）3月現在の各都道府県が採種を担当した奨励品種実数がうるち２６３、もち69品種であることはすでに述べた。その内訳をみると、「コシヒカリ」など人気の大型品種に混じって、すでに育成から半世紀以上を経過した品種も、各県で少面積ずつながら栽培されている。山梨県の「農林22号」（１９４３、兵庫県農試育成）、「同28号」（１９４５、北海道農試）、富山・石川・福井・滋賀県で「日本晴」（１９６３、愛知県農試）、広島・山口両県で「中手新千本《なかてしんせんぼん》」（１９５０、愛知県農試）など、地酒原料米用など地域文化に根ざした用途もあるが、これら品種のもつ〈つくりやすさ〉が農家を離さなかったのだろう。農業活性化には、こうした農家の存在も必要であることを忘れてはなるまい。

およそ２０００年の昔、先人とともにこの日本列島に渡ってきた稲は、この島の隅々にまで根づくため、長い歳月をかけ、地域地域に適する多様な品種に育ってきた。私たちの品種改良とは、その２０００年をかけて生い茂った大樹の梢の細枝に、新たな花を咲かせる程度の行為に過ぎない。深く張った根や太い幹はもちろん先端の細枝までも、すべて先人からの贈り物である。最近はライフサイエンスの発達でハイブリッド、遺伝子組み換えなど育種法の進歩だけが人目をひき、品種改良こそが農業近代化の決め手と喧伝されているが、いきなり地面から茎を伸ばし花を咲かせることができたわけではない。遠い昔から国のいたるところで〈少しでも多収に、少しでも豊かに〉とつづけられた品種づくりの永続性、地域性そして多様性が、今日の世界に誇る多収良食味品種の育成にむすびついたのだろう。

日本列島を先祖から受け継ぎ、子孫に引き継いでいくように、品種もまた父祖から受け継ぎ、子孫に引き継いでいく。国土保全に国公の関与が必要なように、品種の維持と改良も、少なくとも主要農作物に関する限り、国や地方公共団体の関与が必要である。

平成30年（2018）4月、「主要農作物種子法」が廃止され、稲・麦・大豆という主要農作物の種子生産供給システムが変更され、過去に農業と縁の薄かった他分野からの参入が大幅に緩和される。もちろん人類の生存に食料生産が欠かせない以上、その決め手となる品種改良により多くの人が、より新しい手法をひっさげて参加してくることは歓迎したい。だがそれが海外にみられるように、品種の独占・私物化につながり、わが国の品種のもつ永続性、地域性・多様性が損なわれるとしたら異を唱えたい。

最近は「つや姫」「森のくまさん」などご当地米や、イチゴ・メロンなどの産地固有の銘柄品種づくりが求められる時代でもある。そのためにも地域地域の品種づくりの火はさらに大きく、さらにはげしく燃やしつづけてほしい。いったん消えた火の再点火に、いかに多くの時間を要するかは、本稿を読んでくださった方にはおわかりいただけただろう。

〈参考文献〉
池隆肆（1974）『稲の銘』自家本、野口弥吉（1967）『農事試験場畿内支場における育種』日本農業研究所

にしお・としひこ　1931年長野県生まれ。1956年農林省四国農業試験場、以後水稲栽培などの研究に従事。1990年農林水産技術会議事務局長を最後に農林水産省を退職。農学博士。著書『昭和農業技術史への証言』（編、全10巻、農文協）、『農業技術を創った人たち』（家の光協会）など。

Column

「鳴子の米プロジェクト」と古川農試が生んだ品種

「鳴子の米プロジェクト」は米のつくり手と食べ手をつなぐ新しい取り組みとして2006年に立ち上がった。そのしくみは宮城県鳴子町（現・大崎市鳴子町）の農家が育てたお米を、プロジェクトを応援する人たちが2万4000円で予約購入し、農家には手取り1万8000円を保証する、差額の6000円は事務経費や担い手を育てる事業資金にあてるというもの（値段は発足当時）。温泉町である鳴子のホテル、旅館、飲食店なども活動に加わり、地域活性化につながった。

　このお米の品種は「ゆきむすび」。もともと宮城県古川農業試験場で耐冷性の強い低アミロース米（アミロースが低いともちもちとした食感になる）として開発され、東北181号という系統名で呼ばれていたものだ。これを鳴子町の山間地で試作してみたところ、冷や水がかかる田んぼでおいしいお米がとれた。

　東北181号は栽培面積や販売数量が多く見込めないという理由で奨励品種にはなっていなかったが、「鳴子の米プロジェクト」への採用がきっかけとなって、宮城県の奨励品種となり、「ゆきむすび」と命名された。

　県の試験場が生み出した地域に合った品種が、つくり手と食べ手の新しい関係をむすび、その関係が品種の普及をあと押ししたのである。

〈参考資料〉
「イネ育種の現場から　農業試験場の役割――宮城県古川農業試験場・永野邦明場長に聞く」（『季刊地域31号』2017年秋、農文協）

「鳴子の米」の「ゆきむすび」でつくったおにぎり。低アミロースの米なので冷めても固くなりにくい。東京都内を中心に展開する「おむすび権米衛」神保町店で購入できる。地元の鳴子町には、鳴子の米公式おむすび屋「むすびや」がある。

PART Ⅱ

種子法廃止でどうなる？

Q&A 早わかり

種子法って何? 廃止でどうなる?

農文協編集部

「主要農作物種子法を廃止する法律案」が2017年4月14日参議院本会議で、自民、公明、日本維新の会などの賛成多数により可決成立した。これにより、種子法は2018年4月1日をもって廃止されることになった。種子法をめぐって現場からの声が取り上げられたような形跡はなく、ただ、あるのは官邸主導の農業への民間活力の導入＝企業優先の論理のみだ。

稲などの種子は農家や試験場のような公的機関が長い時間をかけて引き継ぎ、育成してきたものだ。それを企業の論理にゆだねていいものだろうか。

種子法が果たしてきた役割、廃止の経緯とこれから懸念されることを簡単にまとめてみた。

Q　種子法ってどんな法律？

A　正式な名称は「主要農作物種子法」。主要農作物とは稲、麦（大麦、はだか麦、小麦）、大豆をさす。種子法はこれらの種子の品質を管理し、優良な種子を安定的に供給することをすべての都道府県に義務づけた法律だ。具体的には都道府県が原種（採種稲の種子）や原原種（原種稲の種子となる大本の種子）の生産を行なうことや、種子生産圃場の指定や審査などについて定めている。

農業試験場など都道府県の公的試験研究機関がこれらの種子生産にかかわるための予算を、国が責任をもって手当てする「根拠法」ともなっている。かつては種子法にもとづく補助金があったが、1998年に一般財源化され、地方交付税の一部に組み込まれている。

Q　どんな経緯でできた？

A　種子法が制定されたのは、1952（昭和27）年5月。サンフランシスコ講和条約が発効し、日本が主権を取り戻した直後のことだ。

第二次世界大戦中には食料仕向けが最優先となり、種子用の米麦も食糧管理法（1942年制定）によって、すべて政府の統制対象となり、良質な種子が出回らなくなった。これに対して、敗戦後の混乱が収まりつつあった1951（昭和26）年、国は検査を受けて種子用として認められた米麦については食糧管理法の適用から除外するものとし、原種圃や採種圃に国の補助金を投入する。種子法はこの公的種子事業を法的に裏付けたものだ。安定した食料を供給する国の責任を果たすため、種子法第8条では、都道府県に対し、「主要農作物の優良な品種を決定するため必要な試験を行わなければならない」という義務を課している。この「優良な品種を決定する」という規定にもとづき、奨励品種制度がつくられ、戦後の穀物生産の安定化を図ってきたのである。

種子法に詳しい西川芳昭龍谷大学教授はこの法律が成立した時期に着目し、こう述べている。「戦中から戦後にかけて食料難の時代を経験した日本が、『食料を確保するためには種子が大事』と、主権を取り戻すのとほぼ同時に取り組んだのがこの種子法の制定でした。私はそこに〝二度と国民を飢えさせない〟〝国民に食料を供給する責任を負う〟という国の明確な意思があったと考えます」（注1）。

Q　種子生産の実際は？

A　稲、麦などの奨励品種の種子は、都道府県ごとに農業試験場などの研究機関とJA（農協）、採種農家が連携して生産している。

稲の場合でいうと、都道府県ごとに定めた奨励品種について、原原種は農業試験場などの都道府県の試験研究機関で育てられ、それを「農業振興公社」とか「種子センター」といった公的機関で原種として栽培し、その原種をJA種子部会などに組織されている採種農家が増産する（図Ⅱ―1）。

原原種栽培　　都道府県農業試験場など
↓
原種栽培　　農業振興公社、種子センターなど
↓
種子栽培　　採種農家
↓
一般栽培　　農家

図Ⅱ―1　稲の種子生産過程

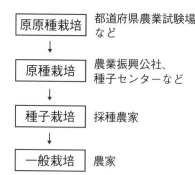

採種農家は「圃場審査」によって別の品種の稲が混じっていないか、病気や害虫に侵されていないかなど生育状況を専門の審査員から厳しくチェックを受け、それに合格した上で、出荷前には「生産物審査」と呼ばれる発芽状況や不良種子・異物混入などのチェックをクリアしなければならない（詳しくは41頁からの取材記事参照）。

こうして奨励品種を成立させる品質のそろった種子が安定的に供給されてきた。

Q 品種改良（新品種開発）と種子法との関係は？

A 種子法そのものは優良な種子を安定生産（増殖）するための法律であって、品種改良（新品種開発）について定めているわけではない。しかし、都道府県の農業試験場では品種改良から奨励品種選定のための試験、原原種の生産まで一貫した事業として取り組んできた（詳しくは34頁からの取材記事参照）。種子法廃止によってもし公的種子事業の基盤が崩されるとしたら、都道府県の試験場で品種改良をすすめる予算や体制も縮小していくおそれは否めない。

Q どんな経緯で廃止されたのか？

A 種子法廃止は、２０１６年10月に行なわれた規制改革推進会議農業ワーキング・グループと未来投資会議の合同会合ではじめて提起された。その資料には「(1)生産資材価格の引き下げ　関連産業の合理化・効率化をすすめ、資材価格の引き下げと国際競争力の強化を図るため、以下の方法で施策を具体化すべきである」として列挙するなかに、「戦略物資である種子・種苗については、国は、国家戦略・知財戦略として、民間活力を最大限に生かした開発・供給体制を構築する。そうした体制整備に資するため、地方公共団体中心のシステムで、民間の品種開発意欲を阻害している主要農作物種子法は廃止する」との一項が掲げられている（傍線引用者）。この部分は翌11月に政府が決定した「農業競争力強化プログラム」にほぼそのまま引き継がれた。2017年4月の「主要農作物種子法を廃止する法律案」成立は、これを迅速に実行に移したものである。

しかし誰しも疑問に思うことは、都道府県が一般財源を使って公的種子事業に取り組んでいるからこそ現状の価格で種子が供給されているのであり、民間企業にゆだねた場合、種子の価格は上がるのではないか、ということだ。

現状では、各都道府県の奨励品種の種籾《たねもみ》の価格は1kg400～600円程度。民間企業の種子はそれに比べると5～10倍高いといわれている。たとえば、F_1多収品種として知られる「みつひかり」（三井化学アグロ）の種籾は1kg4000円だ。

規制改革推進会議の資料のタイトルに「生産者の所得向上」が掲げられ（注2）、この項目が「生産資材価格の引き下げ」の方策とされていることは不思議としか思えない。

さすがに、最終的な廃止理由では生産者の所得向上とか生産資材価格の引き下げにはふれていないようだが、「農家所得の向上」の方向とも明らかに矛盾している（注3）。

Q　廃止の理由は？

A　最終的に政府が廃止の理由として挙げたのは次の3点。

①種子生産者の技術向上により、種子の品質は安定している。都道府県に一律に種子生産・供給を義務づける必要性が低下している。

②多様なニーズに対応するため民間の力を借りる必要がある。

③種子法があるために、都道府県と民間企業の競争条件は対等になっておらず、公的機関の開発品種がほとんどを占めている。

種子法そのものには新品種開発や奨励品種の指定についての規定はない。したがって、仮にこれらが問題だとしても、「運用基本要綱」を改正するなど制度運用によって十分対応できるはずだ。気象や土壌条件が様々な日本において、これまで公的機関は多様なニーズに対応する品種を育成してきた。民間企業が参入するメリットは広い面積を1品種でカバーするとか、種子が高く売れるといった場合であって、主要作物についてはなかなかむずかしいそうである。

仮に、民間企業が種苗市場に参入して利益をあげたとして、その方向は農家や消費者の選択肢を広げるのとは別の方向ではないか。種子制度や種苗事業に詳しい京都大学の久野秀二教授は「おそらく念頭におかれているのは、業務用・加工用・輸出用に仕向けられるハイブリッド品種を含む多収米、あるいは大規模稲作農家への普及を目論んでいる乾田直播栽培等の低コスト栽培技術に適合的な品種、さらには将来的には世界中の大豆やトウモロコシの品種を席巻している除草剤耐性等を含む遺伝子組み換え品種なのであろう」（注4）と予測する。

Q 廃止法案の「附帯決議」とは？

A 参議院農林水産委員会が種子法廃止法案を可決した際、廃止法案に賛成した自民、公明、日本維新の会の3党に、民進党を加えた4党が共同提案した附帯決議があわせて採択された。

附帯決議は種子法が主要農作物の種子の国内自給および食料安保に果たしてきた多大な役割を踏まえた上で、①種子の品質確保のため、種苗法に基づき、適切な基準を定め、運用する　②都道府県の取り組みの財源となる地方交付税を確保し、都道府県の財政部局をふくめ周知徹底に努める　③都道府県の育種素材を民間に提供するなど連携にあたっては種子の海外流出を防ぐ　④（外資を念頭に）「特定の事業者」が種子を独占し弊害が生じないよう努める　の4項を掲げている。

廃止法案に賛成した与党などの議員でさえ、附帯決議の各項に示されるような不安を抱いているわけで、それでも廃止をゴリ押しするのはますます不可解と言わざるをえない。

Q 外資参入の影響は？

A 茨城県では、日本モンサントが育種した、「とねのめぐみ」という品種（どんとこい×コシヒカリ、非遺伝子組み換え）が10年前から産地品種銘柄となっており、外資はすでに参入しているといえる（38頁の表Ⅱ－2参照）。心配なのは、政府が過剰なほどに民間（外資もふくまれるだろう）に対する「イコールフッティング」（対等な競争ができるように条件をそろえること）を強調していること。この点で、同じ国会で成立した農業競争力強化支援法では「良質かつ低廉な農業資材の供給を実現する上で必要な事業環境の整備のための措置」として、「種子その他の種苗について、民間事業者が行う技術開発及び新品種の育成その他の種苗の生産及び供給を促進するとともに、独立行政法人の試験研究機関及び都道府県が有する種苗の生産に関する知見の民間事業者への提供を促進すること」としている（第8条、傍線引用者）。

民間企業が国や都道府県が提供する育種に関する素材やデータを生かして品種をつくり出した場合、そうした品種は農家が自家育種できる固定品種のはずはなく、F_1が主流になるだろう。特定の形質をもった品種（固定種）の交配によって生まれた「優良品種」

が、販売上有利となれば、農家はいくら高額でも毎年その種子を購入せざるをえない。

Q 種子法と種苗法の関係は?

A 種子法と種苗法は名前こそ似ているが目的はまったく異なる。種苗法は品種育成をした人の知的財産権を保護することを定めた法律である(表Ⅱ—1)。

種苗法では、品種登録された品種について、種苗の生産や販売を独占できる「育成者権」を認めている。ただし、育成者権には例外があり、農家が自分の経営の範囲内で再生産のために自家増殖することと、新品種育成の交配親にするために栽培することは可能だ。農家の自家採種・増殖は、「農民の権利」として国際的にも認められていることなのだが、近年、知的財産権としての育成者権が強化される方向にあり、日本では栄養繁殖する花などの園芸品目を中心に、農家の自家増殖を制限する品目が増えている。

種子法を拠り所にした奨励品種制度が、稲をはじめ主要穀物の品種を画一化し、農家の品種選択の自由を奪ってきたという見方はある。だからといってこれを廃止し、種子法を廃止し、民間企業や外資参入

表Ⅱ—1　種子法と種苗法のちがい

	種子法(主要農作物種子法)	種苗法
施行年	1952年(1986年に改正)	農産種苗法(1947年)を1978年の改正で種苗法に改名、1991年に全面改定
目　的	主要農作物(稲、麦、大豆)の優良な種子の生産・普及に都道府県がかかわることを定めている	新品種の登録制度など、育成者の権利を保護することに重きが置かれている

の動きが強まれば、育成者権強化の流れのもとで農家の品種選択の幅はいっそうせばまっていくだろう。前述のとおり、毎年F_1の種子を民間企業から買い続けるようになったとすれば、種子代の負担も大きくなるだろう。

注
（1）西川芳昭「タネは誰のもの？『種子法』廃止で、日本の食はどう変わるのか――種子の専門家に聞く」『ＫＯＫＯＣＡＲＡ』パルシステム、２０１７年5月29日
（2）資料の標題は「総合的なＴＰＰ関連政策大綱に基づく『生産者の所得向上につながる生産資材価格形成の仕組みの見直し』及び『生産者が有利な条件で安定取引を行うことができる流通・加工の業界構造の確立』に向けた施策の具体化の方向」
（3）田代洋一「農業競争力強化プログラム関連法は何を狙うか　1　農業競争力強化支援法で農業所得は増大するか」『文化連情報』№４７２（２０１７年7月号）が参考になる。
（4）久野秀二「主要農作物種子法廃止で露呈したアベノミクス農政の本質」『農村と都市をむすぶ』№７８８（２０１７年6月号）

イラスト＝岩間みどり

稲の種子はどのようにして生産されているのか

茨城県の育種・種子生産の現場から

農文協編集部

野菜の種子（タネ）はホームセンターや園芸店の店先で売っている。だが、稲や麦の種子を見かけることはない。いったい稲の種子（種籾《たねもみ》）はどのようにしてつくられ、農家の手に渡っているのだろうか。茨城県の稲の種子生産の現場を訪ねた。

農業試験場で

新品種の育成――「オプション」が増えるだけ時間もかかる

最初に訪ねたのは水戸市郊外にある茨城県農業センター農業研究所。もとは農業試験場と呼ばれた県の研究機関で、普通作（稲、麦、大豆など）にかかわる研究を担当している。そこには新しい育種技術を開発・活用して新品種の育成を行なう生物工学研究所の普通作育種研究室の研究員も駐在しており、連携して研究をすすめている。稲の種子事業にとくにかかわっているのは、農業研究所作物研究室と生物工学研究所普通作育種研究室だ。

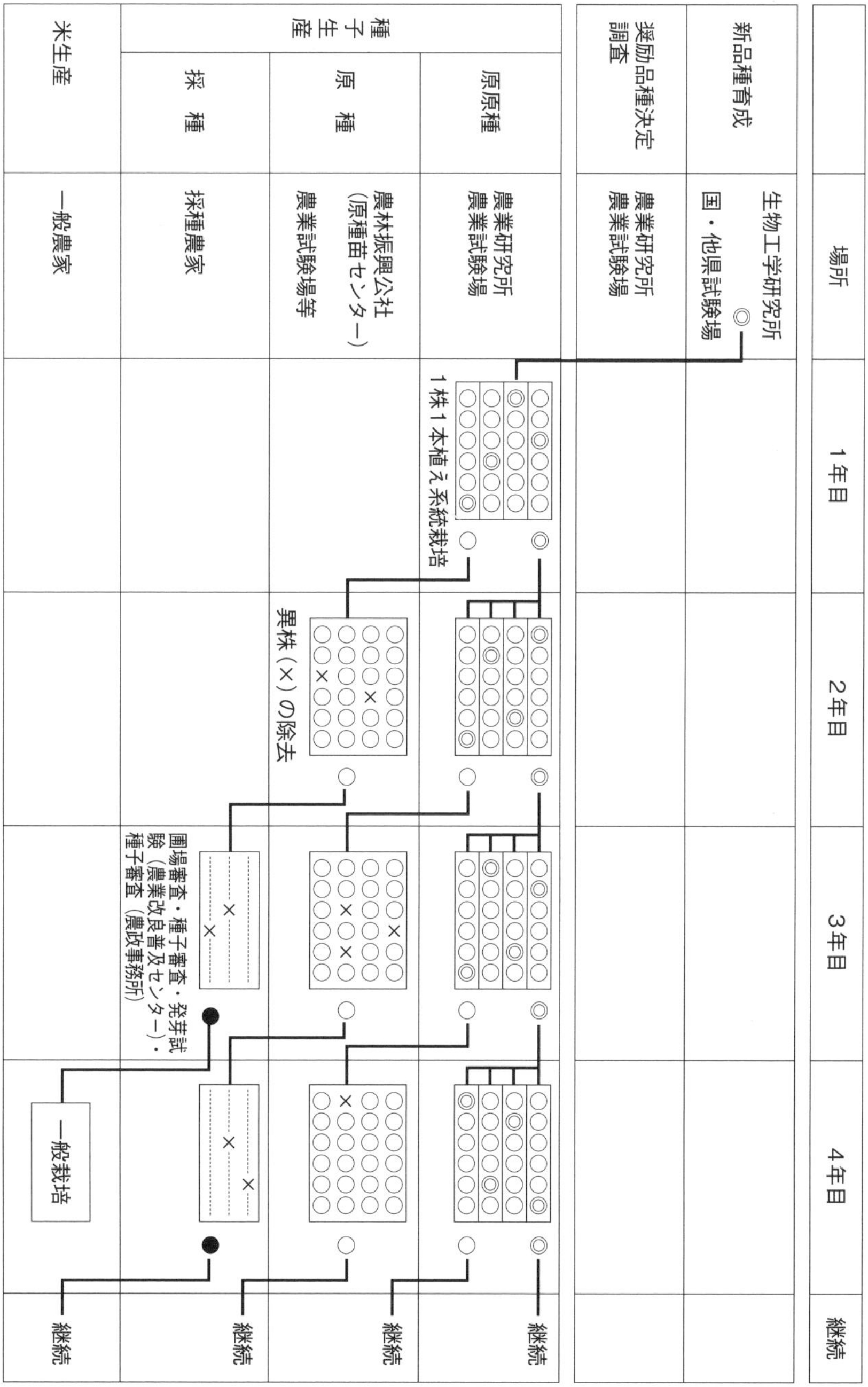

図Ⅱ−2　新品種育成から奨励品種採用および種子生産の流れ　（提供：茨城県農業センター農業研究所）

種子事業と一言でいっても、そこには大まかに三段階ある（前頁の図Ⅱ―２）。

①新品種育成　いくつかの品種を交配するなどして変異を拡大し、希望する形質をもつものを選抜し、形質を固定して、新しい品種（この段階では「品種候補」）をつくる。

②奨励品種決定調査　品種候補について調査し、優良な品種（奨励品種）を選定するためのデータを蓄積する。

③種子生産　原原種→原種→採種の三段階で種子採りを繰り返し、性質のばらつきをなくした上で、種子（種籾）を一般農家に供給する。

茨城県では①を生物工学研究所が、②と③の原原種生産を農業研究所が担当している。主要農作物種子法に則って運用されるのは②と③の部分だが、当然のことながら①も密接に関係する。

まず、新品種育成はどんなことを目指しているのだろうか。茨城県の稲の主力品種は中生《なかて》のコシヒカリである。農家が天候不順の影響を受ける危険や労力を分散しようと考えた場合、コシヒカリと作期が重ならない、高品質の米が求められる。とくに茨城県の米は千粒重（注1）が小さい、つまり米が小粒になりがちなことが大きな課題になっていた。そこで大粒で品質が優れた早生《わせ》品種「ふさおとめ」を母とし、大粒で早生の「愛知１０１号」を父として人工交配し、交配で生まれた雑種集団のなかから優れた個体を選抜していった。この選抜を繰り返し、遺伝的な形質を安定（固定）させてできたのが極早生《ごくわせ》の「一番星」である（図Ⅱ―３）。「一番星」は千葉県と愛知県の試験場が育成した品種を親として生まれたわけである。

生物工学研究所普通作育種研究室室長の岡本和之さんによれば、かつては主力品種のコシヒカリを補う早生の品種開発が育種の目標だったが、オリジナル品種「一番星」「ふくまる」（いずれも早生）を開発して以降、研究の主眼は晩生《おくて》の高品質米に移行しつつあると言う。

「そもそも稲の本格的な育種は１００年以上の歴史があり、品種もかなり洗練されていて差がつきにくい。そのうえ近年は、特A（注2）がとれるような県オリジナルの良食味米で、西南暖地で稲縞葉枯病《しまはがれ》の発生が再流行しているのでその耐性も必要とか、地球温暖化によって、高温にも耐え品質が低下しにくい性質もつけなければならないとか、求められることも多くなっ

図Ⅱ－３　「一番星」の系統図
（国立研究開発法人 農業・食品産業技術総合研究機構 次世代作物開発研究センター イネ品種データベース検索システムより）

ています。そうした『オプション』が増えれば増えるだけ、育種のもとになる母数を増やす――つまり、植え付ける数を増やすとか選抜を繰り返す年数を増やす必要があり、なかなか大変です」

生物工学研究所では母本として毎年40品種（候補含む）くらいを、農研機構（注3）や各県試験場などの育成機関から取り寄せ、50通りくらい品種の交配を試みている。そこからひとつの安定した品種候補を生み出すまでに10年程度は選抜を繰り返す。

奨励品種決定まで
――7年検査してあきらめたことも

これという品種候補が現われたら「ひたち○○号」といった通し番号をつけて奨励品種決定調査で評価を受ける。各都道府県は、稲、麦、大豆について、その土地に合う優良な品種を普及すべき「奨励品種」として指定している。そのための調査を実施し、奨励品種の大本になる原原種種子を生産するのが農業研究所（農業試験場）の仕事である。種子法がかかわるのはここからだ。

奨励品種決定調査では農業研究所内の予備試験が1

表Ⅱ－2　平成29年産　茨城県の産地品種銘柄一覧表　(平成29年3月31日現在)

種類	平成29年産　産地品種銘柄			
	必須銘柄		選択銘柄	
うるちもみ・うるち玄米	あきたこまち*	ゆめひたち*	あきだわら	ハイブリッドとうごう3号
	キヌヒカリ*		あさひの夢	はえぬき
	コシヒカリ*		一番星*	はるみ
	チヨニシキ*		笑みの絆	姫ごのみ
	つくばSD1号		エルジーシー潤	ふくまる*
	とねのめぐみ		LGCソフト	ほしじるし
	日本晴*		華麗舞	みつひかり
	ひとめぼれ*		つくばSD2号	萌えみのり
	ミルキークィーン*		とよめき	ゆうだい21
	夢ごこち		和みリゾット	
醸造用玄米	五百万石	山田錦		
	ひたち錦*	若水		
	美山錦*	渡船		

（囲み）* ＝奨励品種　（淡い網掛け）＝生物工学研究所が育成した品種　（濃い網掛け）＝民間機関が育成した品種

注：産地品種銘柄は、農産物検査（等級検査）の対象となる品種。必須銘柄と選択銘柄とは農産物検査を受ける上での分類で、前者はすべての登録検査機関に検査義務がある銘柄、後者は登録検査機関の選択により検査を行なう銘柄。

年、さらに現地（県北部の常陸太田市と県西部の筑西市の農家の田んぼ）試験を加えた本試験が2年、最低でも3年かけて草丈や倒伏の有無、収量や障害粒の発生度合などを詳しく調べる。

農業研究所作物研究室の岡野克紀さんによれば、3年で奨励品種となることはほとんどないという。近年の例では7年も調査を続けたあげく、奨励品種にするのを断念したものもあったとのこと。その品種候補は、晩生で、食味がよく、収量、縞葉枯病抵抗性も申し分なかった。しかし、7年目の夏に高温にあい、乳白粒（注4）が出てしまった。しかも、その発生率は同じ晩生の日本晴に比べても明らかに高かったのである。「やはりひとつでもはっきりした弱点があると、奨励品種には採用できないですね」と岡野さんは言う。

生物工学研究所発足以来25年の間に、茨城県オリジナルの稲の品種で奨励品種に認定されたのは、うるち米3品種（ゆめひたち、ふくまる、一番星）、酒米1品種（ひたち錦）の計4品種である。毎年、3つ程度の品種候補が新たに決定調査に供されるというから、単純計算ではその25年間で70程度、95・5％は調査はしたものの奨励品種には採用されなかったということだ（表Ⅱ－2）。

採用された場合でも先ほどの「一番星」の場合、交配から固定まで8年、決定調査に6年、奨励品種としてリリースされるまで実に14年（14代）かかっている。大変な知恵と労力の結晶といえる。ごくおおまかにいって、1品種を開発するにあたり、約10年の歳月と、研究員3名、現業職員およびパート職員の人件費など多くの経費がかかるとのことだ。

原原種生産は手作業で

さて、ここからようやく奨励品種を現場の稲栽培農家につなぐ種子生産の過程となる。農業研究所の水田では、生物工学研究所が開発したオリジナル品種だけでなく、県の奨励品種である「コシヒカリ」や「あきたこまち」などの種子生産の大本となる原原種をつくる。できるだけばらつきがない選りすぐりの種子で、いわば「エリートシード」である。

原原種は系統ごとに栽培されている。系統とは1個体に由来する（1個体から採種された）単位である。通常、1品種あたり10～200系統を栽培している。まず、奨励品種の種籾（原原種用種子）を系統ごとに苗箱に250粒播く。30日かけて成苗に仕立てて1本植えする。1本植えにするのは1株1株を見分けやすくすることにより混じりを除くためで、もちろん手植えである。苗を植える田んぼのスペースは1系統あたり約6㎡で、これが1品種あたり短冊状に10～200

短冊状に同品種同系統の稲を栽培する原原種の圃場。品種が混じらないよう、稲はできるだけ連作せず、麦、大豆と輪作するようにしている

並ぶ。

栽培過程では雑草はもちろん、異株は徹底的に除去される。前作の落穂から発芽するとか鳥が運んでくるとか、物理的に他の品種が混じることはありうる。さらに開花時期や草丈などがちがう株を除いていき、これを栽培期間中、5〜6回繰り返すことで品種としての純度を高める。とくに形質の優れた株を品種維持個体（翌年の原原種の系統となる）として保存し、残りを原種生産用種子として収穫する。

原種生産は隣接する茨城県原種苗センター（茨城県農林振興公社が受託）で行なわれる。原原種生産においては最も面積の大きな「コシヒカリ」でも10a程度の小ロットなので手作業主体だが、原種生産を行なう原種苗センターではha単位での機械化一貫体制に入る。ここで生産された原種はさらに翌年（原原種生産から3年目）、指定された採種農家の手に渡り、一般農家に渡る種子が生産される（35頁図Ⅱ―2参照）。

公的種子事業の行く末は

このような公的種子事業は種子法廃止でどうなっていくのだろうか。

生物工学研究所や農業研究所では茨城県の生産者にこたえるために多くの労力をかけてきた。生物工学研究所普通作育種研究室ではかつては陸稲もち米の品種改良にも取り組んでいた。茨城県は陸稲栽培がさかんで、おかきやあられなどの加工品原料や赤飯などに利用される。野菜と輪作することで連作障害の軽減などの効果もある。従来の主力品種と重ならない、早生・多収・良食味、そして冷害にも強い新品種「ひたちはたもち」を開発した。この品種開発にも交配から品種登録まで12年を費やしている。このような一見地味な品種改良も含めてきめ細やかに取り組むことができるのは、公的機関だからこそではないだろうか。

種子法廃止をめぐっては、2016年末以来、担当の農林水産省穀物課から「これまでと変わらず主要農作物の種子は県で担ってもらうので、心配しないでほしい」との連絡がきているという。そのための予算措置等は農水省の通達と種苗法の改正などで担保するということだが、どういう形になるかはまだはっきりしていないとのこと。農業研究所所長の渡邊健さんは「われわれ公的機関（に携わる者）としてはその言葉を信じるしかない」と言う。

種子《たね》場ＪＡで

雑草と「異株」退治に毎日のように田んぼへ

さてようやく採種農家の出番である。農業研究所の原原種が農林振興公社の原種の種子となり、その原種の種子から採種農家によって一般農家が使う種子（種籾）が生産される。

茨城県では20ＪＡ中６ＪＡで稲、麦、大豆、ソバの種子が生産されている。そうした種子場ＪＡのひとつ、ＪＡ水戸・北部かつら種子部会（城里《しろさと》町桂地区）を訪ね、部会長の小幡利克さん（63歳）、副部会長の小圷《こあくつ》清治さん（62歳）、かつらセンター長の川村浩樹さんに稲の種子生産のお話をうかがった。

ＪＡ水戸の種子センターの前に立つ採種農家の小幡利克さん（右）と小圷清治さん

種子生産はまず、市町村穀物改良協会が作成した種子更新計画書に基づき、種子生産委託会議（県、ＪＡ全農いばらき、集荷団体、種子場ＪＡ、農林振興公社で構成）で品種別作付面積を定め、農林振興公社（原種苗センター）から採種農家が10ａあたり４kgの種子（原種）を受け取って作付ける（次頁の図Ⅱ―４）。

一般の稲の栽培と種子生産はどこがちがうのだろうか。稲は自家受粉なので、野菜の種子栽培のように他品種や同じ科の作物との交雑をさけて隔離する必要はないが、原則として同じ田んぼで栽培する品種は固定する。つまり、前年コシヒカリを植えた田んぼには、翌年もコシヒカリを植えるということだ。一般農家の稲栽培も採種稲も栽培のプロセスは基本的に同じ。ただ、採種農家はとにかく毎日のように田んぼに足を運び、田んぼの中によく入る。種子生産にとって雑草と

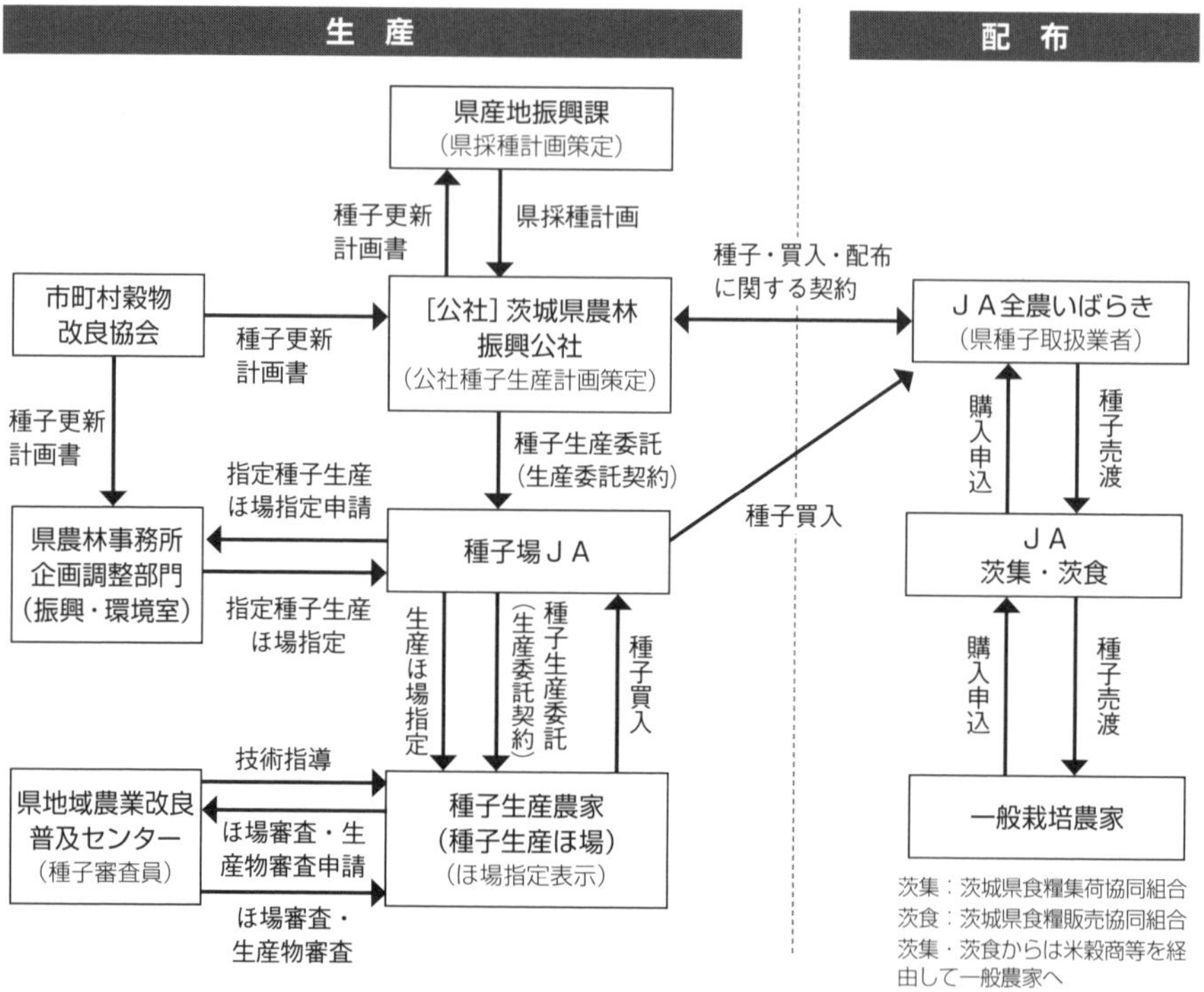

図Ⅱ−4　茨城県の主要農作物種子生産流通のフローチャート

異株は大敵。最近話題の雑草稲（注5）にも注意が必要だ。畦草は徹底して刈り取り、異株は見つけ次第抜き取る。注意していてもスズメなどの鳥の糞に他所の種籾が混じることもあるし、前年の落穂が発芽することもある。前年の籾から発芽した苗は、たとえ同じコシヒカリでも異株とみなされるのだそうだ。

「そういうのは株と株の間に1本だけホキる（発芽する）。歩いていれば足に当たるから、すぐわかる」と小幡さんは言う。

「ゼッケン」のついた種子を出荷する責任

収穫まで出穂期と糊熟期（出穂後20日くらい）2回の圃場審査を行なう。異株を含まないこと、雑草がわずかであること、病虫害がないことがチェックポイント。とりわけ馬鹿苗病や線虫心枯病など種子伝染性病害は禁物で、伝染病に侵された株がみつかると周辺の圃場を含めて種子として出荷不可となる。肥料の加減をまちがえたりして倒伏した場合も種子としては失格。倒伏すると生育状況をきちんと審査できないからだ。米粒を大きくするために播種は薄播き、植込み本数は少なめとし、基肥、追肥は抑え気味にして分げつを抑制する。

種子センターで穀粒を選別するユニフローセパレーターのしくみを説明するＪＡ水戸かつらセンター長の川村浩樹さん

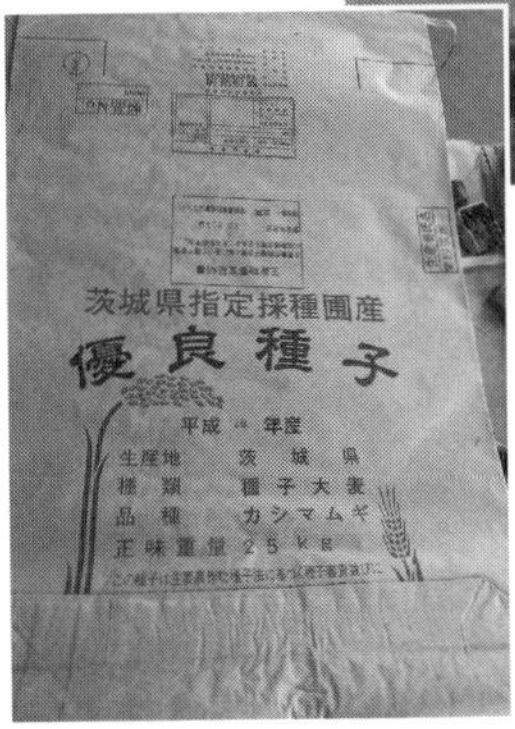

大麦の種子袋。上部に「生産物審査証明書」と生産者名が記載されている

北部かつら種子部会には収穫後の乾燥・選別・調製の機械を備えたＪＡの種子センターがある。種籾は粒形選別機、ユニフローセパレーター、比重選別機の３つの機械をとおして選別・精選される。出荷者によるが、歩留まりは成績のよい人で80%程度で、60%程度にとどまる場合もある。この間、刈取り・乾燥が終わった種籾は発芽審査を行ない、発芽率が90%以上（水稲の場合。麦・大豆では80%）であれば合格。さらに調製前の下見審査、調製後の製品検査と計5回の審査を経てようやく出荷される。

　生産者名を明記した種籾はＪＡ全農いばらきに買い上げられ、ＪＡを通じて茨城県内の一般農家に販売される（注6）。全農の買上げ価格は２０１６年産コシヒカリで１kg３５０円程度。玄米に換算すると、主食用米の１・２〜１・３倍くらいだ。種子としての歩留まりや生産の手間が余計かかることを考えれば、割がいいとばかりはいえない。

　種子部会の副部会長の小圷さんは、

「手間がかかっても種子生産を続けているのは、もちろん安定したお金がとれるということが第一。ただ、われわれが出荷する種籾は全部審査を通って、すべて

『ゼッケン』がついている。袋に名前が書いてある。そういう自負はいつももっていますよ。コシヒカリの種籾のなかに、1粒でもあきたこまちが混じっていたらクレームの対象になります。種籾が発芽しないときも同じです」

手間がかかるといっても、同じ種子生産なら麦や大豆より水稲のほうが効率がよい。だが種子部会には麦・大豆の種子の割り当てもあるから、面積が大きい人を中心に皆で手分けする。部会長の小幡さん一人で、県内のある町全体の大豆の種子必要量にあたる量を生産しているというから責任重大だ。

大規模化には限界があるから、担い手は一人でも多く

部会は地区ごとに7支部に分かれていて、倒伏しない肥料設計や病害虫防除、雑草稲対策などを皆で研究している。共同作業もある。同じ田んぼでは同一の品種をつくり続けるのが原則だが、2017年は品種の割り当ての関係でどうしても前年と別の品種を作付けなければならない田んぼが出た。そこで「異株抜き」といって、部会員総出でこの田んぼに入って、前年の落穂から発芽していないかチェックし、雑草とあわせて引き抜いた。

小幡さんは2017年、コシヒカリの種子を3・5ha、小圷さんは2・8ha栽培した。部会の中では最大規模だが、このくらいが一人でできる限界だと言う。大規模農家や生産法人に集約するというわけにはいかず、「手間がかかる種子生産では、生産者の裾野の広さを保つ必要がある」と川村センター長は言う。小幡さんも小圷さんも退職後、種子生産をはじめたが、このサイクルを今後も繰り返していけるかどうか。

JA水戸・北部かつら種子部会は1982（昭和57）年、大豆の種子生産からスタートし、水稲・陸稲、麦へと拡大してきた。80代から小幡さん、小圷さんら60代への世代交代はおおかた済み、次の40代も5、6人の部会員がいて、全域のラジコンヘリ防除を担いながら圃場の状況をつかむなど後継者として成長してきた。だが、その下の20～30代の採種農家はまだ育っていない。種子法が廃止になって、公的種子事業がどうなるか先行きが怪しくなるなかで、果たして今後若い後継者が続いていくだろうか。

種子法廃止後の見通しについて小幡さんは「いま

（注7）のところ全農（いばらき）からも説明はないし、何と答えたらいいかわからないが、自由化の流れの一環であることはまちがいない。あとは企業が果たして入ってくるかどうかだが……」と戸惑いを隠せない。

ＪＡ水戸の八木岡努組合長は種子法廃止にいち早く危機感をもち、２０１７年７月に設立された「日本の種子《たね》を守る会」の会長に就いた。

「種子法廃止の影響は２、３年では出てこないかもしれないが、10年先ぐらいにジワジワ出てくるのではないか。野菜の種子もかつては１００％国内生産だったが、いまは国内の種子メーカーも含めて海外生産が90％を占めている。いまのところ稲では原原種から原種、種子と、農業試験場、農林振興公社、採種農家の思いがつながっている。その流れが途切れることがないよう、長い時間をかけて生産者だけでなく国民全体に種子と採種の大切さを伝えていきたい」と言う。

ＪＡ水戸組合長の
八木岡努さん

注

（1）登熟した籾（または玄米）１０００粒分の重さ。米粒の大きさを示し、稲では20～25g程度である。

（2）一般財団法人穀物検定協会が１９７１年産米より全国規模の産地品種について実施している食味ランキング試験での最高ランク。複数産地のコシヒカリのブレンド米を基準米とし、これと比較してとくに良好なものを特Aという。

（3）正式名称は国立研究開発法人 農業・食品産業技術総合研究機構。わが国の農業と食品産業の発展のための研究開発を行なう機関。２００１年に、それまであった国立の試験場など全国12の研究機関を整理統合・独立行政法人化し、「農業技術研究機構」として発足、その後も整理・統合がすすめられている。

（4）稲の登熟期の高温の影響で、デンプン蓄積が不足することによって起こる登熟障害のひとつ。

（5）栽培稲と同じ植物種でありながら、赤米混入被害をもたらす。稲の除草剤が効かず、栽培稲との見分けも困難なのでやっかいな雑草である。

（6）茨城県の水稲の種子更新率は79・3％と全国平均87・9％をやや下回っている（２０１６年産米）。ＪＡとしては異種混入や品質低下をさけるため種子更新を奨励しており、２００４年産米からは種子更新した米を「ＪＡ米」として高く買い上げている。

（7）取材は２０１７年７月中旬に行なった。

種子法廃止・現場の声を聞く

新潟の種子場《たね》から

堀井　修

それはずいぶん唐突な話でした。第193通常国会に政府は8つの農業競争力強化プログラム関連法案を提出しました。そのなかの一つとして「主要農作物種子法を廃止する法律案」が上程されたのです。この国会でのマスコミや国民の関心は共謀罪などの重要法案の行方に集中していました。

その陰で国民の食料の根源、稲などの種子を各県が責任をもって確保する義務を負う法律を「民間の活力に期待する」ことを理由に廃止してしまったのです。

私はこの廃止によって何が起こると考えているかを、新潟県で研究機関、JA、種を生産する農家と順を追って取材してみました。

公的種子事業の根本を断たれる？

新潟県農業総合研究所・作物研究センターOBのHさんの話

「センターでは稲のほか、麦、大豆の種子の開発・育成・配布を行なっています。センターでは稲の『元種《もとだね》』を冷蔵保存（気温と湿度をコントロール）していまして、理論上は160年の保存が可能です。この元種から『原原種』を、翌年に『原種』を育成し、さらにその翌年、県下16カ所の種子場《たね》（注1）に配布します。そこから生産された籾が農家に種子（種籾《たねもみ》）として販売されるのです」

つまり元種の栽培を含めればセンターで3年間、種子場で1年、4年間かける旅を経て、私たち農家は新潟コシヒカリの種を手に入れているわけですね。

「この経路は種子法によって制度的にも予算的にも都道府県に義務付けられていたのです。その義務を廃止して、『民間もどうぞ参入してください、ノウハウは公開しますよ』ということになったのです。財政上は、かつては国の補助金として『これは種子の開発・育成・配布のお金』と色が付いていましたが、20年ほど前から一般財源の『地方交付税』となり、県の方針で橋や道などに流用されても仕方ないようになりました。今後はこの傾向がいっそう進むことでしょう」

Hさんはさらに、センターで配布する種子は自家採種可能な種子だが、民間企業がつくる種子は自家採種不可能なF_1になる、ご存じのとおりF_1は1世代は品質が保証されますが、2世代以降は保証されませんから、とつけ加えた。なるほどセンターは「儲からなくて当たり前」。しかし、民間は「儲からなければやめる」なのですね。

当分の間は審査を続ける

農業普及指導センター
圃場審査を担当するYさんの話

新潟県には13の農業普及指導センターが設置され、稲作担当が種子場の検査を担っています。主にどのような業務があるのかをベテラン職員に聞きました。

「私の管内では稲の種子は114haの栽培面積があります。種子生産農家は60名。私は圃場審査と種子の審査を行ないます。圃場審査は2回。1回目は出穂の早い、遅い、異品種の混入、葉の色や筋の有り無しなどを調べます。2回目は穂がそろって出たかどうか、つまり穂ぞろいを主に審査します。

収穫後には種籾の審査もあります。籾がそろっているか、1000粒の重さ、異物の有無などを調べます。発芽審査もあって、基準は発芽率90%以上です」

なるほど農業普及指導センターも種の品質管理に深く

かかわっているのですね。Yさんは2017年も前年と同じ審査を行なうので、当面は廃止の影響はないのではないかと言います。

廃止を言い出したのは誰か？

耕作面積7000ha、組合員2万4000人の農協の組合長Sさんの話

「今度の話は例の規制改革推進会議からの提言がきっかけだと聞いています。種子法廃止によって『公的機関の育成の情報が民間に開示されるようになる』と言いますが、いままでも公開されてきました。現に公的機関の情報も生かして三井化学アグロは『みつひかり』を、日本モンサントでは『とねのめぐみ』をつくって販売しています。こうした種子企業は収穫した米の買い取りもセットで売り込んでいる。たしかに県内の大規模農家でもコシヒカリだけで30haもつくることはできません。適期の刈取りが不可能になり品質の低下を招くからです。だから作期のちがう品種を取り入れて労働力の分散化をはかるための需要はあるでしょう。

それより肝心なことは誰が廃止を言い出したかですね。規制改革推進会議の委員には農家はいないと聞いています。私は野菜農家です。野菜の種子は40年前、価格は現在の3分の1以下でした。みなさんはトマトの苗を買うでしょう。私たち専業農家はそうはいきません。トマトの種子も1000粒単位で買うのです。40年前は3000円前後でしたが、今は1万円くらいになっています」

F_1は自家採種ができません。昔は自家採種でやっていましたが、収穫する品質が保証できないのです。F_1は何でも細胞質雄性不稔（注2）という難しい理屈でつくられているようです。F_1は均一な品質を保証されているのですが、価格が高いという問題が生じます。どうしてもその種子がほしいとなれば種子をつくる会社の言い値で買うしかないのです。そこでスーパーの種子コーナーで産地を調べてみました。

白菜：アメリカ　キュウリ：中国　キャベツ：日本・アメリカ・オーストラリア　ニンジン：チリ　カブ：ニュージーランド　タマネギ：フランス　トウモロコシ：アメリカ

実に国際色豊かな種子たちです。Ｓ組合長は種子の行き着く先はモンサントに代表される巨大企業の遺伝子組み換え種子になり、それに伴って肥料や除草剤などの農薬も支配され、農家は「巨大企業の使用人」にされてしまうのではないかと付け加えました。農家の基本は家族農業ですよね。

種苗法で守れるか？

生協とつきあって半世紀の農協組合長Ｔさんの話

「うちの農協では稲の栽培面積１５００ha、うち有機栽培14ha、減減栽培が80％で慣行栽培は20％です。かつては日本一減反をしない農協でした。現在は豆腐工場を立ち上げて１６０haの大豆を生産し、すべて豆腐に加工して生協に供給しています。

先日東京の集会で遺伝子組み換え稲の開発研究をすでに70種類も国が認可している情報に接して驚きました。このままでは、やはり行く末はモンサントなど巨大多国籍企業の支配下に入らざるを得ないのではないですかね。これは何としても阻止しなければと今回『日本の種子《たね》を守る会』の呼びかけ人になりました。

先日、西川公也先生（衆議院議員・当時）、山田俊男先生（参議院議員）、地元の斎藤洋明先生（衆議院議員）の懇談会がありました。ＪＡ出身の山田先生は『種苗法で守る』『試験場は守る』と言われましたが、それ以上の具体的な話はなかったです。種苗法は品種の育成者の権利を守る法律でしょう。種子法は県が種子を開発・保存するための法律で、真逆の法律ですね。コシヒカリは守れるかもしれませんが、民間がつくった種子はその企業に特許をとられてしまうのですからね」

高い種子を買い続けなければならない

酪農家Ｙさんの話

「搾乳牛を25頭飼育しています。飼料は高いのでできるだけ自給作物をつくり、生産コストを抑える努力をしています。ちなみにデントコーンを４ha栽培していますが、その種子はアメリカの会社が生産し、代金は20万円かかります。たしかに生育はよく草丈もそろっていますが、種代が高いですね。F_1ですので自家採種はできません。毎年種子を購入せざるをえません」

それが田んぼにもやってくるかもしれないのが種子法の廃止なのですね。

種子生産は手間がかかる
水稲種子を6ha栽培するKさんの話

「私の集落では23軒の農家が58haの水稲種子を栽培しています。田んぼの管理は細心の注意を払っています。まず収量は目標が示され、それ以上穫れれば自分で飯米にします。そして昨年の籾が冬を越して発芽する『こぼれ籾』が、取れども、取れども次々に出てきます。稲の葉に縞の筋が入ったのもダメ。さがせば結構あるものです。それも抜き取ります。ホタルイやクサネム（注3）は籾の中に紛れ込みます。それの選別も大変です。そして価格は1kg430円です。コシヒカリとこしいぶきをつくっています。農薬も稲こうじ病（注4）対策のZボルドーなどプラスアルファも散布します。

研修などで全農の種子協会の人が検査に来ますが、その担当者も種子法の廃止については『よくわからない』と言っています」

種子を生産する種子場の農家さえも種子法廃止がどう影響するかわかっていないようです。ましてや一般の農家に聞くと、「そんな法律あったんですか?」と聞き返されるのが関の山です。どうなるのでしょうかね? 廃止の真実を伝え、「県が品種を育成し、種を確保する制度」を取り返しましょう。

注

（1）新潟県では県下に16カ所の種子《たね》場があり、県下で生産されるおもな品種の種子がつくられ、栽培面積は740haである。

（2）細胞質雄性不稔については52頁のコラム参照。

（3）ホタルイはカヤツリグサ科、クサネムはマメ科の水田雑草。

（4）籾に暗緑色の小塊（病粒）が生じる病害。

ほりい・おさむ　新潟県農業改良普及員、NHKふるさと通信員などをつとめ、現在は小千谷市で百姓、地元JAの理事。米自由化反対運動ではムシロ旗を掲げて世界を飛び回る。おかげで外国人の友人多数。著書『人生はじけて』。

Column

稲の人工交配って実際どうやるの？

品種改良（育種）の基本は人為的に変異を生み出すことで、なかでも交雑（交配）はもっともポピュラーな方法である。稲はほぼ自家受粉するので、人工交配による育種は技術的にむずかしく、民間育種家（農家）はおもに偶然に現われた変異株を見つけては増やすことで品種改良を行なってきた。

交雑育種法

日本の稲における人工交配による育種は明治37年（1904）から国の農事試験場ではじまった（18頁参照）。稲には1本のめしべと6本のおしべがあり、えい（花、のちに籾になる部分）が開く前にほとんど自家受粉が終わる。そこで、目的とする交配を行なうには、まず母親となる稲のおしべを取り除いておかなければならない。人工交配がはじまった当時は、温室内で開花直前の花（えい）の先端を切除し、ピンセットを差し込んでおしべのやくを取り除き、開花したところで父親となる稲の花粉をふりかけるという大変細かい作業が行なわれていた（次頁の図）。

その後は、「温湯除雄法」が一般的となる。これはおしべとめしべの温度感受性のちがいを利用するもので、母親となる稲の花を43℃の温水に8分間ひた

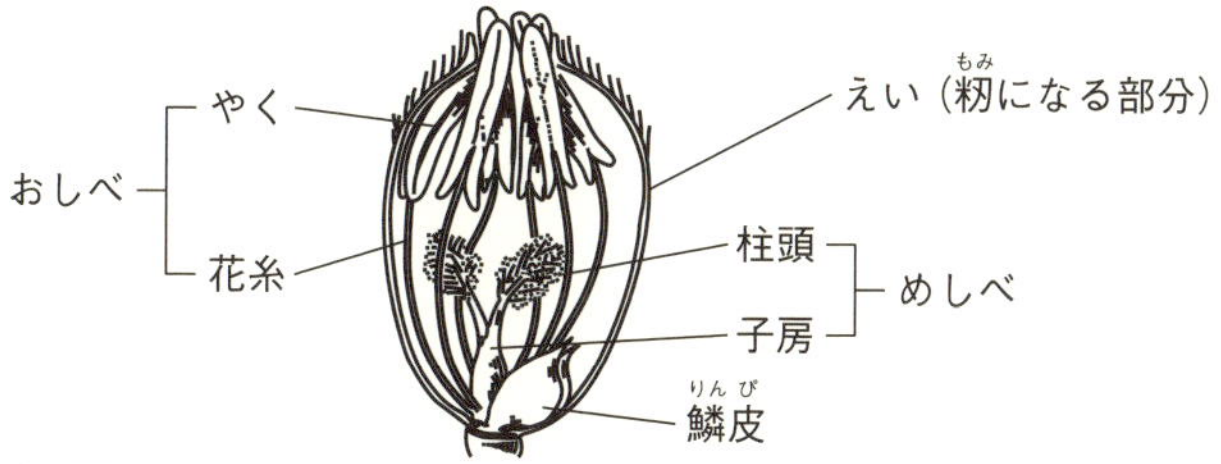

稲の花の構造
（開花始めの状態）

開花時はおしべの花糸が伸び、えいの先端部が少し開いて、そこからやくが飛び出してくる。その直前に、やくが破れて花粉がめしべの柱頭にふりかかる。開花したときには受粉はほぼ終わっている

原図：『農業技術大系作物編』第１巻　農文協

Column

すとおしべの機能が完全に失われる一方、めしべの機能はほとんど失われないので、この性質を利用して効率的に交配を行なうというものである。

雑種強勢育種法

栽培品種をかけあわせる（交配する）と、雑種第一世代（F_1）には両親より生育が旺盛で収量が増大するなど優れた形質が出現することがある。この「雑種強勢」を利用するのが雑種強勢育種法で、それによって開発されるのがF_1（ハイブリッド）種子である。現在市販されているトウモロコシや野菜の種子の多くはF_1種子である。

F_1品種の大きな特徴はF_1のもつ優れた性質は雑種第一世代にしか現われないため、その両親となる品種（純系）をもっていれば、毎年F_1種子を独占的に販売することが可能となることだ。

近年稲や麦などでもこの育種法が利用されるようになったのは、おしべ（やく）そのものをもたない野生種の個体と栽培種をかけあわせることで、おしべの機能をもたない母親となる個体（「細胞質雄性不稔系統」）を生み出す方法が編み出されたことが大きく影響している。この方法によって、ピンセットでおしべを切ったり、温水をかけておしべの機能を失わせるといった方法よりも飛躍的に効率よくF_1種子が得られるようになったのである。

〈参考資料〉
栗原浩・蓬原雄三・津野幸人他『作物栽培の基礎』農文協

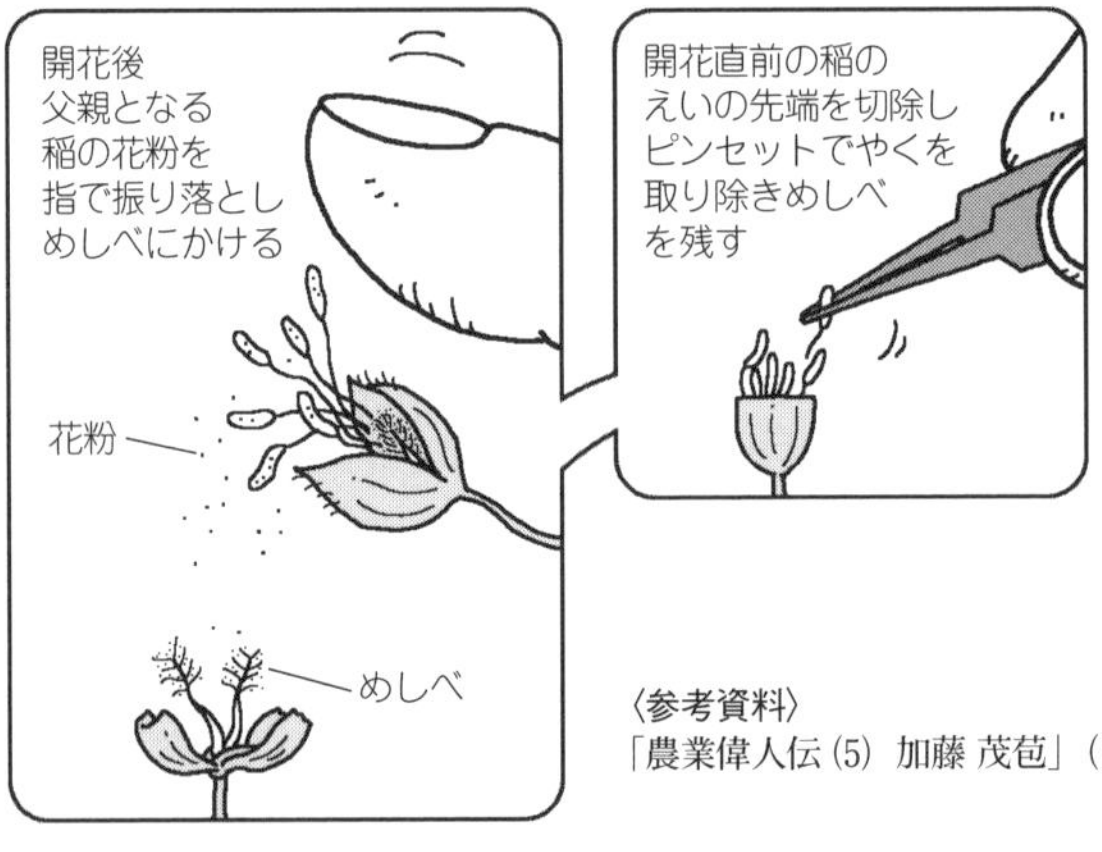
開花後
父親となる
稲の花粉を
指で振り落とし
めしべにかける
花粉
めしべ
開花直前の稲の
えいの先端を切除し
ピンセットでやくを
取り除きめしべ
を残す

人工交配導入当初の方法

稲が開花するのは夏。風が吹かない温室内での授粉作業で、あまりに暑いのでふんどし一丁で作業したという

〈参考資料〉
「農業偉人伝(5) 加藤 茂苞」（『現代農業』2017年7月号）

郵便はがき

おそれいりますが切手をはってお出し下さい

1078668

（受取人）
東京都港区
赤坂郵便局
私書箱第十五号

農文協
http://www.ruralnet.or.jp/
読者カード係 行

◎ このカードは当会の今後の刊行計画及び、新刊等の案内に役だたせていただきたいと思います。　はじめての方は○印を（　）

ご住所　（〒　－　） TEL： FAX：	
お名前　男・女　歳	
E-mail：	
ご職業　公務員・会社員・自営業・自由業・主婦・農漁業・教職員（大学・短大・高校・中学・小学・他）研究生・学生・団体職員・その他（　）	
お勤め先・学校名	日頃ご覧の新聞・雑誌名

※この葉書にお書きいただいた個人情報は、新刊案内や見本誌送付、ご注文品の配送、確認等の連絡のために使用し、その目的以外での利用はいたしません。

● ご感想をインターネット等で紹介させていただく場合がございます。ご了承下さい。

● 送料無料・農文協以外の書籍も注文できる会員制通販書店「田舎の本屋さん」入会募集中！
案内進呈します。　希望□

■毎月抽選で10名様に見本誌を１冊進呈■（ご希望の雑誌名ひとつに○を）

①現代農業　②季刊 地 域　③うかたま

お客様コード

17.12

お買上げの本

■ご購入いただいた書店（　　　　書店）

●本書についてご感想など

●今後の出版物についてのご希望など

この本をお求めの動機	広告を見て（紙・誌名）	書店で見て	書評を見て（紙・誌名）	インターネットを見て	知人・先生のすすめで	図書館で見て

◇ 新規注文書 ◇　　郵送ご希望の場合、送料をご負担いただきます。

購入希望の図書がありましたら、下記へご記入下さい。お支払いはCVS・郵便振替でお願いします。

（書名）　　（定価）¥　　（部数）　部

（書名）　　（定価）¥　　（部数）　部

PART Ⅲ

世界の動きと規制改革＝種子法廃止

アグロバイオ企業の支配と民衆の抵抗

種子法廃止はアグロバイオ企業による農と食の支配に道を開く

安田節子

主要農作物種子法（種子法）に込められた精神

種子法は戦後の混乱で国の種採りが機能停止し、種子は品質が低下し、食料不足に陥ったことから、日本の基礎食料の生産を立て直し、食料増産のために公的機関に限定して、優良な品種を開発、育成、普及させるために制定された。

基礎食料とは稲、麦（大麦、裸麦、小麦）、大豆だ。これら国民栄養の基礎を支える作物の遺伝子資源を守ることや、農家に優良種子を、安く、安定的に供給することを国家の責務とした。国民の食料安全保障の根幹をなす法律と言える。

種子法のもと、農業技術センターや県の農業試験場（農試）は地域に適した多様な品種を育成し、種を採り、またそれを植え付けるというサイクルを繰り返すことで遺伝子資源（原原種）を保存してきた。そして、これら原原種から選抜し、かけあわせ、農家のニーズに応える新品種をつくり出してきた。優良な種子として奨励品種指定がされるとこれを原種として種子生産がされ、農家に供給された。

稲の自家採種は、いまは1割ほどで、麦類も同様だ。奨励品種に指定された公的種子がほぼ生産の全体を担ってきた。

北海道の米は、冷涼で米作にはあまり向かず美味しくないイメージだったが、これを一新させたのがきらら397。北海道の上川農試が開発した耐冷性でかつ良食味の米だ。その後、ななつぼし、ゆめぴりかなどが続く。北海道の米は、今では全国トップシェアを新潟県と争うまでになっている。

また、宮城県では1993年、冷夏で米が大凶作に見舞われ、栽培のほとんどを占めるササニシキが壊滅した。これを救ったのが古川農試が育成した冷害に強いひとめぼれだった。多様な遺伝子資源を保存、育成してきた農試があればこそ可能だった。

農業の持続性は、気象変動に対応できる多様な遺伝子素材を保存し、いざというとき、新たな品種を用意できるかにかかっている。

多様な品種が地域の豊かな食文化を支える

米は戦後の食料不足の時代は多収量の品種が求められていたが、1972年の生産調整（減反）前後から良食味の品種（コシヒカリ、あきたこまち、ひとめぼれ、つや姫など多数）が主流になった。近年では、米粉パン、米粉麺に向いた品種、また飼料自給率を上げるために飼料用品種（多収、サイレージ専用品種）も開発されている。

いずれも日本列島の寒地から暖地まで各地に適した品種が作出されている。

もち米は、粘りやのび、冷めてもおいしいもの、コシが強いなどの特徴によって、切り餅や赤飯、おこわ、大福やおはぎなどの和菓子、白玉粉、あられやかきなどの米菓に（せんべいはうるち米が原料）、また本みりんの原料といった具合に、用途に適した品種が地域ごとに多数ある。

酒米は米粒が概して大きい。米の中心部分にある白色不透明な「心白」と呼ばれる部分は、タンパク質の含有量が少なく、また、精米して磨いても砕けにくい粘度があり、醪《もろみ》によく溶けるという性質がある。酒米はこの心白の占める割合が大きい。山田錦、雄町《おまち》、美山錦、五百万石、出羽燦々《さんさん》など各地特有の品種がある。地域の酒米と水と蔵があいまって地酒を特徴づけている。

国産小麦の用途は、主にうどん・そば、味噌・醤油、菓子、家庭用など。パン用小麦は自給率1％程度だ。国産小麦はグルテンなどタンパク質の量が中程度で「中力粉」に分類される。そのため、「強力粉」を原料とするパンには適さなかった。しかし、近年、強力粉向けの品種開発がなされ、現在は、優れたパン用の品種、ハルユタカ、春よ恋、ニシノカオリ、せときららなどが生み出されている。国産小麦でつくるパンはもっちり感があり、需要が増えている。

大豆は、種類が、黄豆、黒豆、赤豆、青豆、白豆、大粒種、中粒種、小粒種とある。これらの種類ごとに各地に多数の品種があり、その数200種を超える。これらがモヤシや枝豆、煮豆、きな粉、醤油、味噌、納豆、豆腐、豆乳、おから、油揚げなどになる。地域特有の品種でつくられる食べものが、ふるさとの味なのだ。

以上のように単に基礎食料を守るだけでなく、多様な品種をつくり出して日本の豊かな食を下支えし、地域の食文化に貢献してきたのが各地の農試だ。農試の人材と高い育種技術、地域適性を有した豊かな遺伝子資源は国民資産といえる。これを守る根拠法が種子法だ。

ハイブリッドと特許で種子を囲い込むアグロバイオ企業

種子法廃止は「規制改革推進会議」(推進会議)から出たもの。推進会議は、TPP日米二国間協議の合意により、外国人投資家の意見・提言を付託する機関として設置された。TPP前倒しの推進機関であり、ここに多国籍種子企業らが種子法廃止を提言したと思われる。そもそも推進会議の存在自体、真っ当ではない。国益を失う提言をしても責任は負わない。

現在ほとんどの野菜の種子は民間のF_1(ハイブリッド)種だ。ハイブリッド種子は成長がそろうため均一性が要求される機械化農業と相まって広く普及した。ハイブリッド種子は、両親の強い優性な形質が1世代目の子どもでは現われる。しかし、1世代目から種採りした2世代目になると両親の弱い劣性な形質も現われて、ばらつきがでてしまう。かけあわせの1世代目でしか両親の優良な性質は出てこない。そのため農家は毎年ハイブリッド種子を購入する。かけあわせる親の代を持っている種子企業はハイブリッド種子の開発により飛躍的に成長した。

多国籍種子企業の目下のターゲットは稲、小麦、大豆だ。これらを生産する多数の農家が、毎年種子を買うようになれば、種子企業の収益は計り知れない。

ネックはこれらは自家受粉しやすく、ハイブリッド化が困難であることだ（注）。しかし、いまでは生物特許が認められているから特許種子を投入すればよい。特許種子なら農家の種採りは特許違反の犯罪であり、毎年買わざるを得なくなる。今日、米国大豆のほとんどは遺伝子組み換え（ＧＭ）種の投入で、特許支配されている。

種子ビジネスは、生物特許により、知的財産権に守られ、大きな利益を生むことになった。多国籍種子企業は、ＧＭの特許種子に限らず、普通の種子も遺伝子解析して多数の特許を取得するようになった。

多国籍種子企業は、公的種子や農家の自家採種をなくし、彼らが開発した種子に置き換えていこうとしている。種子法廃止はこの流れの一環なのだ。

その野心は、１９９１年改定植物新品種保護（ＵＰＯＶ）条約に現われている。多国籍種子企業らが参加する国際種苗連盟が主導し、特許権と育成者権の二重保護を認めるなど種子開発者の知的財産権を著しく強化した。また農家の自家採種の禁止（ただし各国の裁

表Ⅲ−1　世界商品種子市場（2014年）の寡占化

企業名	市場シェア
モンサント	26.5
デュポンパイオニア	18.6
シンジェンタ	7.8
リマグレイン	4.8
ランドオレイクス	4.0
ダウ	4.0
バイエル	3.6
上位7社占有率	69.3%

出典：ＥＴＣ Group

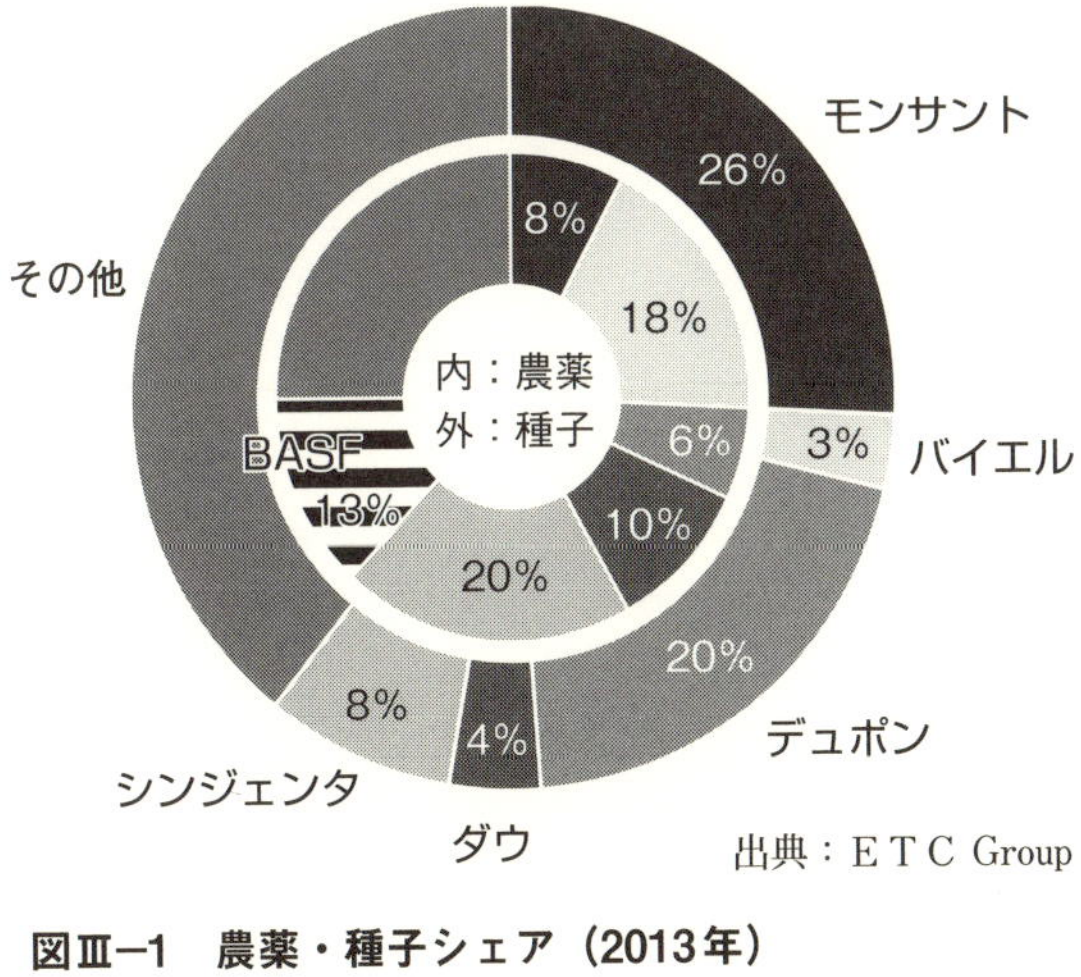

出典：ＥＴＣ Group

図Ⅲ−1　農薬・種子シェア（2013年）

量で例外が可能）が盛り込まれた。

農薬・化学企業のモンサントらは、米国で生物特許が認められるとこぞってＧＭ技術のベンチャー企業を買収しまくり、ＧＭ種子を開発・販売するアグロバイオ企業となった。次に彼らは種子市場の支配を目指した。世界規模で種子企業の買収を繰り広げ、いまでは世界の種子市場を独占する巨大種子企業になった（前頁の表Ⅲ―1、図Ⅲ―1）。

ＥＴＣによれば、２０１４年、上位7社だけで市場の7割を占有。さらに２０１６年9月にモンサントとバイエルが合併し、農薬・種子の圧倒的な巨人が誕生。また、２０１７年9月にはデュポンとダウが正式に合併。合併したこのふたつだけで市場の50％以上を占める。

今日では、種子、農薬、肥料等の農業生産資材から加工、流通、販売に至るまでを、一握りの巨大アグリビジネスの手に集中させる流れが加速している。

種子法廃止でどうなる？

公的育種、種子事業はいずれ国内大手や多国籍種子企業に置き換わってしまうだろう。そして種子が企業に独占されれば、種子価格が高くなるのは必至だ。

種子法のもとでは、地方交付金により低価格で種子が農家に供給された。生産費全体に占める種子価格の割合は稲で2％台、小麦で4％、大豆で5％くらいだ。

一方、民間種子は公的種子の5倍から10倍の価格だ。企業は特許種子の投入を進めて、さらなる高価格をめざすだろう。ＧＭ種子の販売も現実味を帯びる。

また、公的種子にとってかわる民間種子は、農薬・肥料とセットの大規模農業向けの単一品種に限定されるようになるだろう。単一品種種子の大量生産・大量販売は、種子企業の利益を最大化するからだ。そのため種子企業の関心に合わない品種特性が軽視・無視されるようになる。農家がつくりたくても、企業が売りたい品種でなければ販売されず、消えてしまう。

民間種子の席巻により、販売種子が限られた品種になれば、多様性は損なわれる。ＦＡＯによれば、20世紀の１００年間で植物の遺伝的多様性はその75％が消滅した。主な原因は農薬、化学肥料、ＧＭ種を大量使用してきた大規模単作農業だという。

品種が単調化すると、害虫や病気や気候の変化に対する抵抗力は低下する。抵抗力のある強い原種や在来種の遺伝子によって新しい品種をつくり出そうとしても、それらが失われていっている。気候大変動にある現在、将来どのような特性を持つ品種が必要になるか、誰にもわからない。商品化され似通ったわずかな品種の種だけでは、新しい環境に対応できないのだ。「種子の保存」とは、播いて、育成し、種子を採る、このサイクルを繰り返すことなのだ。播かれなくなった種子は消える。一度失われた遺伝子資源は、二度と同じものを手に入れることはできない。農試が担ってきた各地に適応した多様な遺伝子資源の保存こそ、冒頭に触れた食卓の豊かさや地域の食文化の土台であり、なにより食料安全保障の要なのだ。

多国籍種子企業の野望に対し、途上国は食料主権を叫び闘っているが、日本にとっても身に迫る課題だ。公的種子や農家の自家採種の権利は譲ることのできない主権だ。これを侵犯する自由貿易協定は認めてはならない。なにより特許種子は倫理に反する。

特許種子は、種の保存も禁止だ。想像してみてほしい。種籾をとっておくことができない世界を。食料安全保障は完全に失われ、国民が飢える日が来るかもしれない。

ドイツは2013年の特許法改正で、生物特許を禁止した。

公的種子制度を復活させなければならない。そして、地域の在来種の種採りをし、交換し、保存し、これをまた播き、種を採る営みをつないでいこう。

注
三井化学アグロの「みつひかり」などごく少数ハイブリッド種子はあるが、種子の生産性が低いため「みつひかり」の場合で1kg4000円程度と大変高額な種子となっている。

やすだ・せつこ　1990年〜2000年、日本消費者連盟で反原発運動、食の安全と食料農業問題を担当。2000年11月、「食政策センター・ビジョン21」設立、代表。日本有機農業研究会理事。著書『自殺する種子』（平凡社新書）など。

世界に広がる種子の独占とそれに抗する動き

印鑰《いんやく》智哉

まず最初にこの法案は2012年3月のメキシコを皮切りに、さらにコロンビア、チリ、グアテマラに登場している。この法案が依拠するのがUPOV1991年条約（UPOVはユポフと読む。植物の新品種の保護に関する国際条約、フランス語の頭文字）である。この条約は植物の新品種を育成者権という知的財産権として育種者（新品種の開発者）の権利を保護するためのものだが、1961年以来、改定を重ね、1991年の改定では育種者権限が大幅に強化されている。この1991年条約を批准した国は育種者の権利を守るために国内法を整備しなければならなくなった。現在の最大の育種者とはモンサントになる。

「モンサント法案」とラテンアメリカの民衆の抵抗

ラテンアメリカ諸国を通称「モンサント法案」が駆け抜けた。どんな法案かというと、各国ごとに微妙に内容は異なるが、農民が収穫の中から次の耕作のために自分で種子を保存したり、保存した種子を他の農民と交換したりすることを禁止あるいは制限するという点において、大なり小なり共通している。農民は政府が登録した種子を毎回購入しなければならなくなり、種子市場を独占するモンサントを利する法案であるとして、この名前で批判されることになった。

ＮＡＦＴＡやさまざまな先進国との自由貿易協定によって、このＵＰＯＶ１９９１年条約の批准が義務づけられている。ラテンアメリカ諸国の場合も、自由貿易協定によって批准を迫られ、それに応じる国内法として「モンサント法案」が押しつけられたということになる。モンサントなどの種子企業は種子だけを売るのではない。同時に農薬もまたセットで販売する。市場に依存しない自給自足的な伝統的農業を行なっていた農民にそうした投資がなければできない農業が強要されれば、何が起きるだろうか？　与えられる破壊力は先進国での想像を大きく超えるだろう。

この法案に対して、当然のことだが、ラテンアメリカの農民と市民は強い抵抗に出た。ラテンアメリカでは大多数の農民たちが種採りを行ない、種子企業には依存していない。その農民から突然、種子を取り上げる法案が出てくれば反発するのが当然である。しかし、コロンビアとグアテマラではこの法案が成立してしまった。もっともコロンビアでは法の施行の日から怒った農民が全国の幹線道路を封鎖、学生もその農民の闘いに呼応し、国中麻痺の状況に陥った。政府は慌ててこの法の施行を２年間凍結せざるをえなくなった。グアテマラではワールドカップで国中が沸いている２０１４年６月のどさくさの中、国会で成立させてしまったが、ワールドカップの興奮から覚めた農民と市民はこの法律に憤り、連日のデモをかける。ついには憲法裁判所がこの法律を違憲と判断し、国会も撤廃法案を成立させて引っ込めてしまった。

チリではこの「モンサント法案」はＴＰＰとセットになってやってきた。ＴＰＰの合意文書ではＴＰＰ参加国はＵＰＯＶ１９９１年条約の批准を義務づけられていた。そのためＴＰＰ＝モンサント法案として批判が集中し、多くの市民の批判を集め、廃案となった。ベネズエラに至っては、モンサント法案を葬るだけでなく、逆に遺伝子組み換え種子禁止法を制定してしまった。コスタリカでも中米自由貿易協定によってＵＰＯＶ１９９１年条約の批准が押しつけられてきたが、ここでもＵＰＯＶ１９９１年条約に対して、生物多様性を守る国内法が成立し、農民の種子の権利はとりあえずは守られた。

アフリカ農業は多国籍企業のフロンティアに

その後、この流れはアフリカに向かいつつある。英語圏アフリカ諸国の知的所有権に関する組織であるアフリカ広域知的財産機関（ＡＲＩＰＯ）が２０１４年にＵＰＯＶ１９９１年条約に署名し、タンザニア、ケニアが続いた。アフリカはその人口の多くの部分が伝統的自給自足的農業を行なう貧しい農民で占められる国が多い。ここで農民から種子を取り上げ、種子・化学肥料・農薬のセットを買わなければ農業ができなくしてしまえば、一体何が起こるだろうか？　難民の発生であり、飢餓問題の深刻化が危惧される。アフリカの多くの国々はこれまで米国政府からいくら圧力を受けても、モンサント型の農業を承認しようとしてこなかった。しかし、今、その圧力に耐えてきた堤防が決壊し始めている。

　こうした圧力はモンサントや米国政府だけによるものではない。Ｇ８による「食料安全保障及び栄養のためのニューアライアンス」がある。これはＧ８各国政府に民間企業、ビル＆メリンダ・ゲイツ財団のような財団も加わって、アフリカの農業生産力を高め、栄養状況を改善することを名目に、アフリカの農業に先進国の種子企業（＝遺伝子組み換え企業、化学企業）をはじめとして、穀物貿易、流通、金融の多国籍企業が入り込めるようにしようとするものと言える。すでに飽和気味の先進国市場に対して、アフリカ市場はこうした多国籍企業にとって残された数少ないフロンティアである。

　さらに世界銀行は発展途上国での農業において企業活動に対する法的障壁を特定し、撤廃させる計画を進めている。種子だけでなく、肥料、機械、金融、市場、輸送、水、ＩＣＴという農業におけるすべての分野において、民間企業の活動を規制している法制度を特定し、撤廃させる圧力を強めている。種子に関しては、種子の開発は多国籍企業に委ねることを求める内容となっており、世界中の農民組織から世銀に抗議の声が殺到した。

遺伝子組み換え企業に独占される世界の種子市場

　そもそもなぜこのような動きが本格化してきたのだろうか？　ことの始めは生命自身への特許が認められたことである。１９７１年、米国最高裁は遺伝子組み換えされた生物を組み換えを行なった企業の発明物として特許を認める判断をした。しかし、たとえばモンサントの遺伝子組み換え大豆は大豆の遺伝子を操作しただけのものであり、モンサントは大豆を発明したわけではない。しかし、モンサントは実質的に遺伝子組み換え大豆の発明者として振る舞えることになる。このルールが先述のUPOV1991年条約やGATT、WTOでのTRIPS協定（注1）に反映され、世界各国に押しつけられていく。

遺伝子組み換え企業は元をたどれば農業とは縁のない化学企業だった。なぜ化学企業が農業に関わるのか。言うまでもなく、農薬を売るためである。そもそもモンサントが遺伝子組み換え作物を開発したのも、モンサントのドル箱である農薬ラウンドアップを独占的に売り続けるためであったと言われる（ラウンドアップの成分グリホサートのモンサントによる特許は2000年に失効している）。

1996年に遺伝子組み換え作物の耕作が始まる前後からモンサントなど遺伝子組み換え企業は世界の種子企業の買収を始める。そして2011年には世界の6大遺伝子組み換え（GM）企業が世界の種子市場の6割以上を独占するまでに至っている。農薬市場に至っては8割弱が独占されている。

しかし、世界食糧農業機構（FAO）によれば発展途上国の7割から9割の農民は種子企業に依存しておらず、独自の種採りと農民相互の交換によって種子を保持している。遺伝子組み換え企業は発展途上国の多くの農民には影響力を行使できていない。

しかも、遺伝子組み換え作物の耕作を禁止したり、規制したりしている国が増えている。遺伝子組み換え作物の耕作が開始してから21年になるにもかかわらず、栽培を行なっている国はわずか28カ国、2016年にはうち2カ国が遺伝子組み換え農業を放棄し、26カ国に落ち込んだ。遺伝子組み換え農業は世界の13%にしか広がっていない。

通常の企業であれば、その企業自身の製品開発や営業努力によって市場は広がる。しかし、遺伝子組み換え企業が力を入れるのはむしろ政府や国際機関へのロビー活動である。自由貿易協定などの機会を彼らは見逃さない。TPPでも、遺伝子組み換え企業などが加盟するバイオテク企業のロビー団体であるBIOは米国通商代表部に2009年に意見書を提出し、そのなかで、UPOV1991年条約を参加国に義務づけることなどを要求しているが、彼らの要求はしっかり、

TPPの合意文書に盛り込まれている。種子を市場から買わなければならないルールを押しつけ、そして市場を独占しておけば、一人勝ちが可能になるわけだ。

米国では遺伝子組み換え農業が始まってからの20年間で、遺伝子組み換え種子は305%も価格が高くなっている。その間の作物価格の上昇はわずか31%。遺伝子組み換え企業の利益にはなったが、農家の取り分は相対的に大きく減った。遺伝子組み換え企業は生産性が高いから種子価格が高くても十分見返りがあると説明するが、実際には遺伝子組み換え品種と非遺伝子組み換え品種の生産性を比べた多くの研究で、遺伝子組み換え品種は優位性を示せていない。生産性は上がらず、種子の価格だけが上がったのだ。このまま自由貿易協定が世界化してしまえば、世界の農民はすべて種子市場に縛りつけられ、その市場は遺伝子組み換え企業によって独占されていくことになってしまうだろう。

ブラジルはなぜ種子の独占に対抗できたか？

種子が握られたら何が起きるか、そのことはパラグアイの例を見ればわかる。パラグアイでは日系人農家が遺伝子組み換えではない大豆をつくり続けていた。しかし、その生産は年々、困難になる。2013年9月にパラグアイを筆者が訪れたときに出会った日系人の農家のグループは、その年を最後に非遺伝子組み換え大豆の市場向け栽培はもうやめると言う。その理由は、まず第一に遺伝子組み換えでない大豆の種子の入手が困難になった。だが、手に入らなくなったのは種子だけではない。これまで使っていた農薬も姿を消し、農業試験場で従来の大豆栽培のサポートをしていた人もいなくなってしまった。すべて農薬も技術サポートも遺伝子組み換え大豆以外は姿を消してしまった、と言う。こうしてパラグアイはほぼ100%遺伝子組み換え大豆になってしまった。

これに対して、ブラジルは米国と世界一を競う遺伝子組み換え大豆の生産国だが、同時に非遺伝子組み換え大豆の世界最大の産地でもある。なぜそれが可能になったのか？　それは非遺伝子組み換え大豆生産者組合と政府が手を組んで、「自由な大豆」プロジェクトに取り組んだからだ。政府が非遺伝子組み換え大豆の供給をバックアップ、政府の農業試験場などでのサポートも提供した。こうした政策もあって、非遺伝子組み換え大豆の栽培がブラジルでは生き長らえている。こうした介入がなければ非遺伝子組み換え大豆はブラジルからも姿を消していたであろう。

激減する地方品種
失われる農業生物多様性

1970年代、インドやインドネシアでは稲のウイルス病によって大きな被害を受けた。この被害から立ち直るためにはウイルスに強い稲の品種を見つけなければならない。そこで6000以上の稲の品種が試された。幸運なことにインドの1品種がこのウイルスに強かった。この品種の導入によって、インドやインドネシアの多くの人びとが救われた。もし、この品種が存在していなかったら一体どうなっていただろうか?

さまざまな気候変動、ウイルスなどによる被害、虫による被害、そうした被害に対して、農業における農業生物多様性はいわば命を守る担保のようなものだといえる。しかし、人類は急速にこの農業における生物多様性を失いつつある。100年間で世界の94%の種子が農業生産の現場から消えたと言われる。なぜ、このようなことが起きたのだろうか?

ひとつにはこの100年の間に、農業の産業化が大幅に進んだことがあげられる。以前は地域ごとに農家は異なる品種を持っていた。同じ種類の品種を大量に植えると一気に虫やウイルスなどにやられたり、気候の変化に耐えられなかったりで、全滅しかねない。そこで異なる品種を多数持って、多様化させることこそ、さまざまな被害から農家の生き残りを可能にする知恵となっていた。

しかし、種子が農家が種採りをするものから企業が管理するものに変わっていくと、在来の地方品種は急激に減っていく。米であれば人気のある品種を誰もがほしがり、よりおいしい品種の一人勝ちになることはすぐに想像しうるだろう。それでも種子企業が地域密着型であれば地域ごとの品種が確保できる。その地域を越えた多国籍企業が成立することで種子の多様性は劇的に失われてしまう。たとえば遺伝子組み換え企業が1品種にかける開発費は平均150億円と言われる。この開発費を回収するためには、地域を越え、国も越えて、開発した種子を広い地域で売らなければならない。世界の6大GM企業は今後、さらに3社へと買収・合併していくと予想されている。それを許してしまえば、世界の種子の多様性はそれらの企業の都合に応じてさらに減っていってしまうことが危惧される。その減り尽くした多様性で、果たして100年後の農業は生き長らえることができるのだろうか？

気候の激変期を生き延びるには生物多様性の確保が不可欠

農薬や化学肥料を用いる工業化された大規模農業こそ農業の高い生産力をもたらすという考え方は、戦後長く各国政府や国際機関に強く支持されてきた。しかし、その農業モデルには大きな問題があることが認識されるようになった。世界の農地開拓は限界に達し、企業的大規模農業を推し進めた結果、むしろ食料安全保障は危うくなり、2008年の世界食料危機が生み出されたからである。実際に企業的大規模農業は小規模家族農業に比べ、農地当たりの生産性は必ずしも高くなく、与える環境負荷が高く、投機的な生産を行なう大規模農業を推進することはさらなる食料危機をつくり出す可能性がはっきりしたからだ。

国連貿易開発会議は『遅すぎる前に目覚めろ』というタイトルで、この農業モデルの転換の必要を訴える報告書を2013年に発表した。FAOも長く、企業的大規模農業化を進めてきたが、2008年の世界食料危機を契機に方向を転換、2014年を国際家族農業年として、小規模家族農業が持つ意味を再認識するに至っている（注2）。そして、FAOは同年、農薬や化学肥料を使わずに、生態系の力を生かすことで近代化農業と同等以上の生産力を発揮できるとされるアグロエコロジーこそ、今後の農業が進むべき道として認識し、その国際的な普及活動を開始している。ラテンアメリカ諸国の多くの政府もアグロエコロジーを推進する政策を相次いで取り入れている。フランス政府も2014年に農業未来法を制定し、アグロエコロジーを核とした小規模家族農業の推進を決めている。そうした農業の鍵となるのが種子をめぐるあり方となる。誰がその種子を握るのか、ということになる。

2004年に成立した「食料及び農業のための植物遺伝資源に関する国際条約」では、遺伝資源（種子）の多様性を守ってきた主人公は農民であったことが再認識され、その農民の種子の権利を守ることが重要であると明記されている。この国際条約はすでに日本政府を含む140カ国が署名している。

ブラジル政府は2003年に種子法を改正し、クリオーロ種子条項と呼ばれる条項を新たに設け、農民が伝統的に育てている種子に関して持つ権利を明記している。ブラジルでは農民の持つこうした種子の権利を尊重することが義務づけられている。

さらに、現在、国連で小農民と地方で働く人びとの権利宣言の制定作業が最終段階を迎えている。なぜ、今、小農民の権利宣言なのか？　世界で政治の中心が都市住民となり、地方の人びとへの差別、無視の上に農業を単なる工業への原料供給の手段であるかのような政策がこれまでまかり通ってきた。その地方の小農民の権利を保障することが、このプロセスを変え、持続できる農業、持続できる地方発展を考えるうえで決定的に重要になるからだ。そしてこの権利宣言では、農民の種子の権利が明記されている。遺伝子組み換え企業やその影響下にあるTPPなどの自由貿易協定や世銀などによって種子を独占する動きはますます加速しているものの、その一方で、それとはまったく正反対に、小規模家族農業を発展させ、農業資源の多様性を確保しようという動きが世界の広い範囲の人びとによって支持され、担われ、進んでいるのももうひとつの重要な流れだと言えるだろう。

今後、気候変動がさらに激化し、さまざまなウイルスや虫などによる農業被害も大きくなることが予測されている。農業生産はますます困難な時期に入っている。それにどう対応するのか、それこそが人類の未来にとって緊急課題であり、そのためには、いかに種子の多様性を守り、農民による種子へのアクセスを保障していくかが重要な課題となってきている。その実現のためには各国政府の公共政策が決定的に重要になるのである。

種子法廃止は世界の流れに逆行している

このような流れに置くとき、日本の主要農作物種子法廃止が持つ問題がより明らかになるだろう。日本政府は農家への優良種子の供給を政府の責任と明記していた種子法を廃止することで、今後、種子は民間企業の影響を直接受けるようになる。種子法廃止と農業競争力強化支援法の成立でめざされるのは民間企業の農業参入であり、そこには、ここで述べたような公共政策の姿はみじんも見られない。それは日本政府による公共政策の放棄宣言であり、農業・食のシステムを民間企業に委ねることで、農民、消費者の食料主権を危機に曝している。

行き過ぎた企業的大規模農業が持つ問題に対して、世界が対策を練り始めたところで、日本政府はその動きは無視し、失敗した時代錯誤の農業の民営化（＝民間企業による独占）路線に向かって暴走を始めているように見える。

このままでは日本の家族農業はさらなる衰退が確実になってしまうが、儲からなくなったときに民間企業は生産からは撤退してしまう。そして、多様性を失った農業は病虫害にも気候変動にも弱くなる。このままでは日本は食料保障の面でさらに脆弱になってしまうだろう。果たしてそれでいいのだろうか？

注

（1）Agreement on Trade-Related Aspects of Intellectual Property Rights　知的所有権の貿易関連の側面に関する協定。

（2）『家族農業が世界の未来を拓く　食料保障のための小規模農業への投資』国連世界食料保障委員会専門家ハイレベル・パネル著、家族農業研究会・農林中金総合研究所共訳、農文協

いんやく・ともや　アジア太平洋資料センター、ブラジル社会経済分析研究所、オルター・トレード・ジャパンなどを経て、フリー。遺伝子組み換えの問題点とそれへのオルタナティブとしてのアグロエコロジーを中心に、世界の食の問題について情報発信活動を行なっている。

種子法廃止はＴＰＰ協定の内容そのものの実現である

山田正彦

ＴＰＰと遺伝子組み換え農産物

私はＴＰＰにかかわって何度も訪米してＵＳＴＲ（米通商代表部）や関係団体を回ったが、全米小麦協会のドロシー会長を訪ねたときに、「これから小麦も遺伝子組み換えの種子で栽培を始めます」と言われたときには驚いた。それまでに何度も政府高官に「大豆やトウモロコシで遺伝子組み換えの種子を使っているのに小麦ではなぜ使わないのか」と聞いたことがあったが、そのたびに「大豆とトウモロコシは家畜が食べるもので、小麦は人間が食べるからだ」という答えが返ってきたからだ。

実際にＴＰＰ協定の第２章「物品アクセス」の第21条には遺伝子組み換えの定義が記載されていて（通商条約で「遺伝子組み換え」が出てくるのはこの協定が初めてである）、第27条８項には「遺伝子組み換え農産物の新規承認を促進する」とある。

ＴＰＰ協定は米国のトランプ大統領の離脱表明で発効できなくなったものの、安倍政権は、先の第１９３回国会でいよいよ、種子法廃止、農業競争力強化支援法、水道法改正（注１）と次々にＴＰＰの内容そのものの実現に向けて国内法の改廃を強引に進めている。

ＴＰＰで多国籍企業が最も利益を見込める分野は従来「知的財産権」（第18章）であると言われてきた

が、なかでも私は最大の狙いは「医薬品」と考えていた。しかし本当の狙いは「種子」だったのではないか。

日米交換文書が種子法廃止の引き金に

種子ビジネスは農薬や化学肥料もセットで販売が見込めて、莫大な利益をあげることができる。

今日、モンサント、デュポン、ダウ、バイエル、シンジェンタなど8社で世界の種子の売り上げ額の78・1％を占有している。

日本の野菜の種子もかつては100％国内産だったが、今では大半がF_1の品種に代わり、日本モンサントを含む国内メーカーの委託生産などによって海外で90％が生産されている。巨大な種子産業にほぼ飲み込まれつつあると言っていい。

おそろしい話であるが、種子が寡占状態になれば、薬品の分野で原材料の原価100円の子宮頸癌ワクチンを日本政府が7万円で買わされているように、いくらでも高額なものにできる。

これまで日本の米などの主要な穀物の種子は、種子法によって国、自治体が管理、公的種子として、優良なものを安く安定的に供給してきたので、国産100％、固定種として残されてきた。多国籍の種子ビジネスはこれらの市場を見逃すはずはなかった。

TPP協定の署名式が行なわれた2016年2月4日、その時に日米の間で交換文書が交わされた。誰でもネット上で確認できるので確かめてほしい。その交換文書に次のような記載がある。

「日本政府は米国の投資家の要望を聴取して、各省庁に検討させ、必要なものを規制改革会議に付託して、規制改革会議の提言に従って必要な措置をとる」とある。

それを受けてか、2016年10月6日の規制改革会議農業ワーキング・グループの会合で種子法廃止の問題が初めて取り上げられ、2017年2月には閣議決定して、同月国会に提出されている。衆議院農林水産委員会では5時間足らずの審議で可決、新聞・テレビでもほとんど報道されなかった。

これまでは農水省も1998年に種子法を改正して、民間事業者の種子事業への参入を認め、民間の品種も産地品種銘柄として取り入れる道を開くなどして、種子制度そのものは維持してきたが、今回は早々に廃止の道筋をつけた。加計学園問題で獣医学部の新設について「農水省は承認しているのに、文科省は怖気づいている」との報道があったように、農水省は種子法についても安倍官邸からの強い圧力に屈してしまったのである。

公的種子事業の現場では

種子法廃止によって、種子の生産現場はどうなるのか。私は水戸市にある茨城県の農業試験場を訪ねて、実際にコシヒカリの原原種の栽培の現場、大麦の原原種の刈り入れの様子を見せていただいた。コシヒカリの原原種生産は苗を1本ずつ植えて純粋なものだけを選んでいく大変な作業だった。

隣には見渡す限りの広大な敷地に、公社の原種農場があって試験場で生産された原原種をもとに原種生産に当たるとのこと。絶えず圃場を検査して、草丈が基準よりも高いもの低いもの、花の咲く時期が遅いもの早いものなど、「異株」を1本ずつ抜き取り、優良なものだけを残し、発芽試験に合格したものだけが原種となる。それをもとに、種子場農家が種子生産を行なうことになる。

このように日本では公費を投じ、コシヒカリなどの種籾が10ａ当たり２０００円と安く米農家が取得できるようにしてきたが、民間の「みつひかり」などは2万円にもなると言われている。

農業試験場で次のような興味深い話をしていただいた。

「茨城県のコシヒカリの大本の種子は50年以上前に福井県から取り寄せたものだが、すでに何代にもわたってこの土地で育った種子はもう福井県で播いてもうまく育たない。種は生きていてその土地、気候にあったように絶えず変わっていくものだ」と。

日本各地では主食用の米だけで３００品種近くが作付けされている（注2）。ところが種子法廃止法案と同じ国会で成立した農業競争力強化支援法では、農業資材について、生産規模が小さく、事業者の生産性が低い銘柄について集約を促進するとしている（第八条三項）。民間の三井化学などが全国に販売できるように数種類にしてしまう意図がうかがえる。

公的種子事業の現場からは「3年前からわれわれ原原種生産の職員の補充がなされていない。もう数年後、私たちが定年退職したら、原原種はつくられなくなるのでは」といった気になる声も聞こえてくる。

種子ビジネスによる支配の危険性

農業競争力強化支援法第八条四項では民間活力を最大限活用するために、「独立行政法人の試験研究機関及び都道府県が有する種苗の生産に関する知見の民間事業者への提供を促進する」とある。長い間種子法によって国民の税金を使いその地域に即した米などの蓄積された育種素材、いわば国民の知的財産としての公共財を、簡単に三井化学、住友化学、日本モンサントなどに渡していいものだろうか。

それだけでなく、郵政民営化の時のように、各都道府県にある農業試験場など研究施設、農場も民間に譲渡する予定ではないだろうか。そのために農業試験場の職員の補充もせず今日まで来たのでは。

そのうちに、日本の育種素材をもとにモンサントなどは種苗法による特許を申請して、日本の農家もロイヤリティを払って米をつくらなくてはならなくなるのでは。あたかもメキシコのトウモロコシ農家がデュポンなどにロイヤリティを払って栽培しているように。

それだけではない。「つくばＳＤ」を栽培している農家にお会いして住友化学との契約書を見せていただいたが、農薬も肥料も全て指定されたものを施用し、収穫された米も指定されたところ以外には売れないことになっている。販売先を保障される反面、農家はつくる自由を失うことになってしまうのではないだろうか。これら民間の種子は農家が自由に扱うことができないので、農家はこの種子・肥料・農薬をセットで買い続けることになる。

さらに心配なのは米についても、日本でも稲の遺伝子組み換え品種（注３）も研究開発がすすめられ、すでに隔離圃場で栽培されていて種子の用意はできている。今でも大豆、トウモロコシなど１２８種類の作物については、カルタヘナ法の承認が下りて耕作可能であるが、米においても申請をすればカルタヘナ法による承認がなされて作付けが始まる手筈は整っている。

公共の種子を守る運動を

最後に米国、カナダなど外国では主要な穀物の種子はどうなっているのか触れてみたい（注４）。実は、当の米国ですら小麦では3分の2は自家採種、３分の１は各州にある大学や州立農業試験場などで育成された公的種子を中心とした購入種子から栽培されている。

カナダも8割が自家採種で、残り2割の購入種子の大半を農務省や大学などで育成された公共品種が占める。こうして考えると、食料主権の立場からも、日本にとっても公共の種子制度は何らかの形で残さなければならないと思えてくる。

２０１７年7月3日に、ＪＡの組合長、生協の理事長などが発起人になって、「日本の種子《たね》を守る会」が設立された。会では広く、種子の大切さを広報し、公共の種子を守るための新しい議員立法を求めて活動を始めている。

一方、ＴＰＰ違憲訴訟も2年半にわたり7回の公判を開いて争ってきたが、6月7日に判決が言い渡された。私たちの請求は却下されたが、判決理由は「いまだＴＰＰは発効されておらず、それに伴う国内法の改正施行もなされておらず、国民の権利義務に何らの変化もない」とされていた。しかし、すでに種子法は廃止され、採種農家など生産者にとっては職業選択の自由（憲法22条）、消費者にとっては安心して安全な米などを食べることの権利（憲法13条）は奪われている。ＴＰＰ違憲訴訟は控訴、さらに種子法廃止による新たな違憲訴訟を当事者による行政訴訟で予定している。

注

（1）水道法の一部を改正する法案。水道事業を民間企業にまるごとまかせてしまう「運営権（水道料金を決めたり、水道料金を収受したりする権利）の設定」という規定を含む。この改正案は第１９３回国会では継続審議となった。

（2）品種登録されている米の品種は８３９、うち主食用が約２７０品種、酒米が約１００品種といわれている（農水省「品種登録ホームページ」より）。

（3）複数の病害について抵抗性をもつ、ＷＲＫＹ45遺伝子発現イネなど。

（4）久野秀二「主要農作物種子法廃止の経緯と問題点―公的種子事業の役割を改めて考える―」京都大学大学院経済学研究科ディスカッションペーパーシリーズ№Ｊ―17―００１、２０１７年4月

やまだ・まさひこ　大学卒業後、故郷の長崎県五島で牧場経営を経て、弁護士に。１９９３年新生党公認で衆議院議員に初当選。民主党菅直人内閣で農林水産大臣。超党派の議員連盟「ＴＰＰを慎重に考える会」会長もつとめた。

30年来の規制改革の波にのまれた農水省

引き金は自民党の小泉PT

渡辺　周

「無観客試合」

企業や農家、消費者から要請があったわけでもないのに、種子法が唐突に廃止された。農水省は「内発的に改革に取り組むためだ」と主張する。

これまでもさまざまなテーマで国の行政を取材してきたが、どこからも要請がないのに自ら腰をあげる事例は初めてだ。球場には誰も客がいないのに、ボールを投げたりバットを振ったりしている「無観客試合」のようだ。

なぜ無観客試合が突如として始まったのか。誰がこの試合を始めようと言ったのか。伏線はなかったのか。種子法廃止の経緯をたどる。

「バイオ利権」が法改正を後押し

種子法をめぐる大きな改革はすでに、1986年に行なわれている。民間事業者による主要農作物種子事業への参入を認めたのだ。

背景には、バイオテクノロジーを種子の分野に活用しようという機運が高まり、財界が相次いで種子法による参入障壁を取り払うよう提言したことや、政府が行政改革として規制緩和を進めたことがある。

以下、経済同友会農産物問題プロジェクト（委員長・小島慶三セコム副会長）の「バイオ革新と地域・

農村の活路」と、臨時行政改革推進審議会（会長・土光敏夫経済団体連合会名誉会長）の政府への答申を抜粋で紹介する。

○1984年9月21日

「バイオ革新と地域・農村の活路」

国、公立の研究所による硬直的・鎖国的な育種体制とその結果としての民間投資意欲を削ぐような種子価格に原因がある。

種子法自体の見直し、全ての作物の品種開発への競争原理の導入についての検討を進める必要があろう。

○1985年7月22日

「行政改革の推進方策に関する答申」

最近におけるバイオテクノロジーの著しい進展及び民間事業者の参入機運の高まり等の現状にかんがみ、種苗に関する行政を総合的に見直し、農業者に優良種子を安定供給することを担保しつつ、自由な事業活動の余地を確保することが極めて重要となっている。

農水省の抵抗

1986年の法改正で、種子法をめぐる議論は収束したかに見えた。

しかし20年以上が経った2007年、種子法が再び改革の俎上に載る。舞台は政府の「規制改革会議」だ。

2007年4月20日、地域活性化ワーキング・グループ第2回農林水産業・地域産業振興タスクフォースで問いが投げかけられた。

「実態として、民間の新品種が奨励品種になることが極めて困難との指摘がある。このような現状では新品種の種子開発の阻害要因となるのでは」

これに対して、農水省生産局農産振興課の竹森三治課長は以下のように回答している。

「公的機関による育成品種が奨励品種の大半を占めているという現状がございますが、奨励品種に対する品種については、公的機関が育成した品種に限定はしておりませんし、また、民間で育成した品種についても一部奨励品種になっております」

「民間事業者が育成した品種について、優良なものについては、積極的に奨励品種に採用するよう都道府県に対し指導しているところでございます」

つまり、奨励品種制度は民間の育成品種を排除しているわけではないということを竹森課長は強調した。民間で育成した品種が奨励品種に採用された実例としては、稲で2品種、小麦1品種、ビール会社が育成した二条大麦7品種を挙げている。

さらに竹森課長は、2006年の12月に都道府県に対して行なった奨励品種制度の運用状況についてのアンケート結果を紹介。優良な民間育成品種であれば、奨励品種に採用したい意向を持っている県が多数あることを明かし、こうダメ押しした。

「本制度が、新品種の種子開発の阻害要因になっているとは今のところ考えておりません」

三たび「規制改革」の俎上に

だが農水省が抵抗した2007年の規制改革会議から9年。三たび、種子法が農業改革の一環として俎上に載った。舞台はまたしても「規制改革」の名がつく「規制改革推進会議農業ワーキング・グループ」だ。2016年10月6日、「総合的なTPP関連政策大綱に基づく『生産者の所得向上につながる生産資材価格形成の仕組みの見直し』及び『生産者が有利な条件で安定取引を行うことができる流通・加工の業界構造の確立』に向けた施策の具体化の方向」として提言された。

種子法の廃止が、生産資材価格の引き下げの方策として位置付けられ、次のように盛り込まれた。

「地方公共団体中心のシステムで、民間の品種開発意欲を阻害している主要農作物種子法は廃止する」

その後は閣議決定、国会での廃止法案通過とトントン拍子に種子法の廃止が決まった。

180度の転換

9年前の農水省の答弁は「優良な品種であれば民間の育成品種でも積極的に奨励品種に採用するので、民間による種子開発の阻害要因にはなっていない」というものだった。

しかし今回、農水省の見解は180度変わった。稲の普及品種の開発者のうち13%が民間企業なのに、奨励品種となっている品種はないことを挙げ、2017年5月に都道府県の担当者向けに農水省が開いた説明会で、次のような見解を出している。

「奨励品種に指定されれば、都道府県はその種子の増産や審査に公費を投入しやすくなるため、公費を投入して自ら開発した品種を優先的に奨励品種に指定。一方、民間企業が開発した品種は都道府県が開発した品種と比べて、特に優れた形質などがないと奨励品種には指定されない」

民間企業の開発した品種が奨励品種で少ないのは、今に始まったことではない。なのに9年前は「民間の品種でも都道府県は積極的に奨励品種に指定するので種子開発の阻害要因となっていない」と言い、今回は真逆のことを言う。今回は「特に優れた形質などがないと奨励品種に指定されない」と、「特に」を入れているあたりは、9年前の見解とのあまりの違いに、何とか整合性を取ろうとする浅知恵がみてとれる。

農水省の見解が180度転換した根拠はどこにあるのか。穀物課の担当者に尋ねると、こんな答えが返ってきた。

「そもそも民間企業は都道府県の奨励品種にのっけてくれると思っていない状況。ファクトとして（民間企業が奨励品種に申請したのに）リジェクト（拒否）されたみたいなのは我々は持っていない」

農水省は具体的なデータを持っていて見解を変えたわけではなかった。種子法廃止ありきで「見立て」を変えただけと言わざるをえない。

種子法廃止の引き金は自民党「小泉ＰＴ」

種子法の廃止がはっきりとうたわれたのは、2016年10月6日の「規制改革推進会議農業ワーキング・グループ」の提言が初めてだが、伏線はあった。それに先立つ同年1月から始まった自民党の「農林水産業骨太方針策定ＰＴ」だ。小泉進次郎氏が委員長を務めることから「小泉ＰＴ」とも呼ばれる。

農水省穀物課の担当者は、「自民党の小泉ＰＴで、農業競争力を高めるために何をすべきか、明示的ではないが、ずっと投げかけられていた。改革を議論するなかで、農水省が自発的に（種子法が）種子産業の障壁になっているという資料を小泉ＰＴに出した。その後、規制改革推進会議にも同じ資料を出した」と話す。

1980年代から30年以上かけて幾度も押し寄せた規制改革の波に、行政がとうとうのみこまれたということだ。種子法を廃止するべきだと自民党から「明示的に言われたわけではない」のに、従来の見解を曲げてまで農水省が「自発的」に動いたというのはにわかには信じがたいが、自民党から直接的な圧力があったにせよ、忖度《そんたく》したにせよ「自民党一強体制」がもたらした弊害だろう。

モンサントの考えていることがわかる?

根拠があやふやなまま、種子法廃止が進められ、日本の農業がこれまで育んできた稲、麦、大豆などの種子の多様性や品質は保たれるだろうか。モンサントのような企業に日本の種子市場が支配されることはないのだろうか。農水省穀物課の担当者はこう断言する。「仮にモンサントのような会社が日本に進出を考えていても、それを圧倒する品種を持っていれば、(進出を)許すことはありません。日本は北から南まで多様な品種、モンサントみたいな、どっとつくってどっと出す、そういうビジネスモデルは日本には適用できない。彼らは日本を魅力的な市場と思っていない」

なぜ、農水省の官僚にモンサントの考えていることがわかるのだろうか。結論ありきの根拠薄弱な見立てで取り繕ってきた種子法廃止までの動きを象徴している。

わたなべ・まこと　日本テレビを経て、朝日新聞記者として「プロメテウスの罠」の取材チームなどで活躍。大学を拠点にした調査報道プロジェクト立ち上げに伴い、朝日新聞社を2016年3月に退社、ワセダクロニクルの取材・報道の責任者(編集長)に就く。

PART Ⅳ

種子を守るために
私たちがいまからできること

下町の米屋から種子法廃止をみると

砂金《いさご》健一

社会科教師から対面販売する米屋に転身して

私は45歳まで私立中高の社会科教師だった。教師時代に「地理教育研究会」に所属し、教科書を執筆する仲間と一緒に夏休みには農村部を歩き回っていた。妻の実家、東京下町の廃業直前の米屋を継いだのは、冷夏で大凶作が発生した１９９３年のことだ。食管法が廃止され、ＭＡ米（注1）として輸入米も出現した。米小売業界は誰でも「参入自由」の自由競争の時代に突入したのだ。

都会の消費者の中の安ければ何でもいいとか、便利なら何でもいいと言う人たちは量販店に任せることにした。棲み分けだ。こちらは「都会人が満たしたいのは胃袋だけではない」という確信から、大流通には出さない篤農家《とくのうか》のこだわり農法米を〝玄米量り売り〟で〝目の前でお好み新鮮精米〟スタイルで対面販売した。ものつくりの職人気質の残る下町では喜ばれた。

農家のこだわりを紹介する対面販売のため、対話をする時間がほしいので、精米スピードが速すぎない店頭精米機がほしいといって「まるでお米の伝道師のようだ」と機械屋に笑われた。話題としては、自家採種している農家もいたし、県の奨励品種でなく正式な名前はない新品種に挑戦している農家もいた。他の地方の農家と研究会で知り合い、種子交換して試作研究して楽しんでいる農家やそのお米の話もした。農家が土づくりにこだわる努力と理由も伝え、成果は糠《ぬか》の味でわかると生糠を舐《な》めてもらった。

話をしていて鋭かったのが、子育てママ。お米はケチれないと言う。満腹にするのに、子供にオカズ食いされたら食費が膨らむので、お米は好みの美味しさを基準に選ぶそうだ。賢い人だ。メディアでは、よく「大規模化してコストを削減して、低米価を実現するのが課題」と掲げられる。しかし、このママさんが感覚的に把握しているように、米価はすでに十分に安い水準なのではないだろうか。だとすれば、民間資本が何を目的に新品種を開発しようとするのか。真のねらいは低米価ではなく、寡占化なのではないのか？

「今食べている茶碗一杯のお米の値段はいくら？」と聞いたとき、即答できる人は少ない。5kg米袋の値段は財布からおカネを出すので知っているが、食卓の上の御飯については大半の人は思いつかない。お米と御飯のつながりを算数の教科書の割り算の文章問題に入れてほしいくらいだ。この算数の問題、代議士の皆さんにも、ぜひ答えてほしい。

規制緩和は町と暮らしと人のつながりをこわす

今回のテーマは「種子法廃止」なのだが、法律による規制がなくなったときに、後に何が起きたのか、流通業界が体験した実例が参考になると思う。

20年近く前に、米国の「年次改革要望書」(注2)に示された規制緩和要求を受け入れて、「大規模小売店舗法」を「大規模小売店舗立地法」に変更し、出店条件を緩和した。結果は、全国各地にシャッター通り商店街が出現し、中小のスーパーは閉店し、買い物難民が生まれた。当店のある東京下町の商店会も消え、「街路灯管理委員会」になった。5軒あった和菓子店はゼロとなった。人々の暮らしにとって大切な買物のなかで、馴染みの商店主との触れ合いや対話による知識のふくらみ、手の温もりはなくなった。安いスーパーや便利なコンビニで、無言で品物を「カゴ」に放り込みレジで支払う味気ないスタイルとなり、町のなかで人々のつながりが弱まり、暮らしがバラバラになった。

食管法がなくなった米業界も、米卸の小売への参入で、不当廉売・偽装表示が横行し、弱肉強食が強まり、安売り特価だけが定着した。全国で家族経営の米屋の廃業が相次ぎ、米屋が小売に占めるシェアは60％から現在の４％へと激減した。同時に、大規模スーパーでの安売り特価の定着により、農家の暮らしと地域経済を支えてきた生産者米価の低落に歯止めがかからない状況が生じ、米価は低水準のまま、現在に至っている。法律がなくなると従来の景色は徐々に変わり、気づいたときには寡占化が進行し、暮らしが激変しているのだ。

規制緩和は、自由競争を唱えつつ、強者による何でもありの強者のための自由がその正体なのだ。

市場競争原理主義が招く「食のエサ化」

「種子法廃止」によって、国民は新たな分岐点に立たされている。それもきわめて重大な危機だ。これまでもタネをめぐる競争はあった。しかし従来の国内競争は、タネの育成と保存、そこでの共生を前提にしたコンクール的な新品種開発競争だった。しかし、今後登場が予想される強者は、弱肉強食を至上とする銭ゲバの化け物だ。弱肉強食原理主義では、コスト重視の結果、多様性は消え、種子生産が近い将来、寡占化されるのは目に見えている。富の偏在と所得格差が拡大する社会での「食の世界での寡占化」は、効率化を求めるあまりに多様性が否定され、食の工業化そして「食のエサ化」へと必ずつながっていく。

農の分野でも２０１８年からは、半世紀近く続いてきた減反政策がなくなり、農家の「自己責任」が強調されている。同じ根っこに市場競争原理主義がある。

子供たちに品種・種子を語り続けて

何を食べて育つか、どういう食習慣を身につけるかはその後の暮らしや生き方に大きく影響してくる。もっとも身近な自然が身体なのだ。いにしえから〝心身一如〟という知見はあった。食べた物が自分の身体となり、その身体のありようが心を形成するということは〝肚《はら》〟や〝肝《きも》〟の表現で意識されていた。だから、他の生命ある動植物をいただくことで人間の命は生かされているという気づきと自覚から、食事の際に「いただきます」と合掌する作法が大切にされてきた。ここには祈りの心情がある。すでに亡くなった先人への感謝の気持ちもこめられている。先代から授かったものを次世代へ手渡すという役目を果たす心構えもある。食べ物は自分のものであって自分のものではないのだ。

私は、小学校へゲストティーチャーで呼ばれたときには、「未来へのタネまき」のつもりで子供たちの前で話をする。品種の話をしても子供たちには難しすぎるので、「水稲農林1号」（後にコシヒカリの親となる米）や、育種の名人稲塚権次郎の話をして、「小麦農林10号」（世界の飢餓を救った「奇跡の小麦」の親となった「ノーリン・テン」）を紹介するようにしている。「奇跡の小麦」でノーベル平和賞を受賞した米国人（注3）がわざわざ来日して、稲塚権次郎にお礼を述べたという逸話を子供たちに伝えている。そのときの子供たちの誇らしい顔が嬉しいからだ。

種子法がなくなると、食糧難の解決に使命感をもって取り組んだ日本人の姿の紹介がただの遠い昔話になってしまう気がする。代わりに、モンサントなどのグローバル外国資本の「権利」や「生物特許」の物語を語れとでも言うのだろうか？

籾摺り体験が子供に伝えるもの

今年も食育活動のお手伝いで、春に農家からの苗をプレゼントしたこども園から、「ミニ田んぼに、見事に育った稲穂を見てほしい」とのことで出掛けてみた。保育士さんのお話によると、毎年、年長さん（5歳児）に稲穂から籾米を手作業で脱穀し、籾摺りを経験させていると言う。籾殻を剥いて玄米にする手間のかかる作業を子供たちにさせると、その手作業とその手触りの感触の体験からなのか、その次の日から子供たちの給食のお米に向き合う姿勢が変わるそうだ。

これはとても貴重な教訓を示唆している。都会の子供にも大人たちの導き次第で「瑞穂の国」の文化の伝承は可能だし、子供にその資質は潜んでいるのだ。その豊かな感性を育む手触りの稲穂は、これからも日本の先人の心根を受け継いだ稔りの稲穂であってほしいし、あるべきだと確信している。

注

（1）ミニマム・アクセス米。ＧＡＴＴ（ガット）ウルグアイ・ラウンド交渉にて１９９３年に国内消費量の一定割合を輸入することで合意した輸入米のこと。

（2）日米両政府間で１９９０年代より２０００年代にかけて取り交わされていた「日米規制改革および競争政策イニシアティブに基づく要望書」。労働者派遣法改正や郵政民営化はこの文書での米国側からの規制緩和要望に沿ったものと指摘されている。民主党の鳩山政権によって廃止された。

（3）ノーマン・ボーローグ博士。なお、小麦農林10号をめぐる物語は『NORIN TEN～稲塚権次郎物語』（稲塚秀孝監督、仲代達矢主演、２０１５年）として映画化されている。

いさご・けんいち

金沢米店代表。学校法人森村学園中高社会科専任教諭として、「足で書くレポート学習」実践。1993年、妻の実家である金沢米店を継承、95年頃から「店頭フレッシュ精米」を行なう「こだわり農家直送米専門店」をスタートさせる。2006年1月、農が輝く食のアトリエ『玄結び』を開店。

食といのちの源＝種子を守るために、私たち母親ができること

公的種子を守る北海道の動きに続け

安齋由希子

「種子法」が廃止される、と聞き、すぐに「大変だ！」と思ったお母さんは日本中でどのくらいいただろうか？

そもそも「種子法」なんていう法律で、私たちの食卓が守られていたことを知っていたお母さんはどのくらいいるのだろう？

はい、そう言う私も、知らなかった一人です。

種子法がなにを守っていたのか、廃止された今どうしていくかなどを改めて考えています。

種子法は二度と国民を飢えさせないという決意のあらわれ

私が暮らす町、北海道仁木町《にきちょう》に四代続く農家のお父さんがいて、とてもおいしいトマトとお米をつくっています。そのお父さんから聞いた話を、種子法廃止が決まった今、よく思い出します。

「戦後の食糧難のころ、うちに、宝石だの着物だの持ってきた人がたくさんいたんだぁ。米とかカボチャとかイモと交換してくれって。どんなに高価なものを持

っていても、食うものがなければ人は生きていけないんだ」と。

なぜ、終戦間もない1952（昭和27）年に種子法ができたのだろう。

それは日本が、日本人が飢えを経験したからではないでしょうか。

今後、国民を飢えさせないために、まずは「種子」を守ったのだと思います。飢えた人々には、すべての命の元は「種」だということがよくわかっていた。「種子」がなによりも大切なものだということがわかっていたからではないでしょうか。

戦争だけではなく、もしどこかの誰かが「儲け」のために種子を牛耳るようなことがあってはいけないから、儲けとかビジネスとかそういうことではない、国や県など自治体がしっかり種子を管理し研究し、国民が今後二度と飢えることなどないよう、まず「種」を守ろう！　大事にしていこう！　ということからはじまったのではないのでしょうか。

種を守るその裏側には、①生産者の努力、②農協などの努力、③国の努力、④生産技術の向上があったからこそ、今日まで飢えずに豊かに暮らしてきたのではないでしょうか。

食べることを儲けやビジネスから考えてはならない

ところが、今、食べもの＝命を守り育てるということが、全く別のものになっている気がしてなりません。

種子法廃止だけではなく、この間農業競争力強化支援法などという法律もでき、日欧ＥＰＡは大筋合意し、ＴＰＰもまだしぶとく生き残っています。

これらのニュースのキーワードは「経済」「儲かる」「ビジネス」「成長」など。一方で農業については自給率の低さや後継者不足が指摘され、だから海外から輸入するなどという話を耳にします。はたして、そうでしょうか。

自給率が低いからこそ生産者を守らなければならないはずです。ですが、政府が推進しているのは、民間企業などが農業に参入しやすく規制を緩和し、産業として「勝てる」「儲かる」「強い」農業のようです。これらが「自給率」に結びつくとは思いません。

その考え方に立てば、「敗ける」「儲からない」「勝てない」ものは、外国から輸入してもいいということになるのではないでしょうか。「儲かる」とか「儲からない」という言葉が、「食べる」「生きる」「育てる」ことに直結するのだろうか？　と疑問に思うのです。

種子法の廃止を決めた規制改革推進会議に名を連ねていた方たちは、命を守り育てる食糧の大切さを理解できていないように思うのです。食べものが足りなければどこか別の国につくらせて持ってきたらいい、という安直な思考にしか思えません。

さて、全国の子育てを経験された皆さん、自身の健康のために食べることを大切にされている皆さんが大事にしてきたことってなんですか？

たぶん先ほどの「儲かる」「経済」などのキーワードとは正反対のものだと思います。「健康」「おいしい」「安心」「安全」「笑顔」「高くても質のいいもの」「身近なところで」「地産地消」などではなかったですか？

そもそも種子法ができたのは、どこかの誰かが儲かるために種子を利用しないよう法律で守り、国の税金を使い研究開発をしてきたということではないでしょうか。

つくり続けてもらうために買い支える

廃止が決まってから気づくなんて……と、がっかりしているのは私も同じです。

でも、がっかりしたり、落ち込んでいても仕方がないので、ではどうしよう。私は、とにかく、この国のすべての農家がこの先もずっとお米や野菜、牛乳をつくり続けていけるようにしていきたいのです。たぶん、そのためには、私たち消費者が意識を持って行動しなければならないのだろうと思います。

あ、そんな難しいことではありません。

できるだけ身近な場所の米や野菜、豚肉を買い続けたらいいのだと思います。

そして「安さ」がいちばん！　と言っている友人に、「ほんと安いものを賢く選びたいところだよねぇー、生活大変だものね。でもさ、そればかり選んでいたら、安かろう悪かろうのものしか残らなくなっちゃうんじゃないのかな」と、にっこり笑ってお伝えする、とか（相手の気持ちをなるべく逆なでしないようにね）。

「食費を削って賢い奥さん！」と書いている雑誌をみ

たら「でも携帯は食べられないので、携帯代を削って食費アップで家族幸せ！　というような特集を今度はお願いします」という投書を出版社に出してみる、などなど。

そして、先に書いた種子と日本の食糧を守る①〜④の努力についてですが、⑤に「買い支える努力」を加えませんか？

公的種子を守る条例制定に動き出した北海道に続け！

でも！　朗報です！

種子法は廃止が決まったのですが、北海道では引き続き、優良品種の認定や種子の生産を継続する方針を固めたそうです。現行の種子法の実施条例改正か新たな条例の新設かを検討する、と北海道議会で決まったのです。

ここ大事だと思います。

あちこちの自治体が、北海道に続け！　と、どんどん条例をつくっていく。いえ、消費者の私たちがどんどん各自治体の議会に要請するのはどうでしょうか？　だって、食糧をつくっているのは地方なのですよ？　政府、中央のルールなんて地方には合わないのです、そもそも。

このニュースをみたとき、すばらしい！　と思いました。これを活かさない手はない、というか、おそらくここに、しっかり反応しなければ、ただの条例で終わってしまう気がします。

まずは、北海道議会あてに「私たちも種を共に守ります！」というハガキをママ友たちと協力して送ろうかな、と考えています。ぜひ皆さんが暮らす場所でも、種子法は廃止が決まったけれども私たちの自治体では守りますよ！　という動きになるよう、自治体の議会にお願いしてみてください。

おカネでは買えないものがあることを忘れずに

私たちの世代は「飢え」を知りません。

でも、だからこそ想像しなければならないのだと思います。

なにかが起きたときに、種を握っているのが外国の企業だとしたら？

主に外国からしか食べものが入ってこない国になっ

たとしたら？

国同士の情勢が緊迫したときだけではなく、いまあちこちで起きている天候不順などの際にも、お金さえあれば優先的に食べものが入ってくるというのは甘い考えではないでしょうか？

ほんの70年ほど前に北海道の田舎に、食べものを求めて高価な金品を持って農家を訪ねてきた人たちのことをもう一度想像してみてください。

「いくらおカネやモノを持っていても食べものがなければ人は生きていけないんだ」という言葉を。

（この文章では「お母さん」と記しましたが、「お父さん」も、そうでない男性も女性もすべての方に共通することです。）

あんざい・ゆきこ

2児の母。カナダ、ネパールで学生時代を過ごし、帰国後、結婚を機に有機農家になる。3・11後は原発、TPP問題などに関わり続けている。現在は、福島の子どもたちの保養を、毎年夏と冬休みに開催する仕事をしている。

協同の力で農・食、種子を守る運動を地域から

山本伸司

日本の農業を襲う規制改革という黒船は、国の法制度の改変によって多国籍企業の占有に道を開いていく。それは主要農作物種子法の廃止である。

種子島に住んでわかったタネの大切さ

私は現在、種子島に住んでいる。国内農業生産高4位の鹿児島県のその1割が種子島で生産されている。小さいながらも恵まれた農業地帯と言える。ここで2016年、17年とジャガイモとタマネギのタネ不足が発生し、作付けを諦める農家が続出した。台風と長雨で北海道の種子生産に被害が及んだからだ。

種子島は、サトウキビの生産地帯である。島の畑地面積の半分近くをサトウキビが占める。ほとんどは大手製糖企業に納入されるが、昔ながらの小さな手づくりの黒糖生産も残っていて、それを継続させようと生産者組合と努力している。このサトウキビの品種は、農研機構・九州沖縄農業研究センターが種子島に研究拠点を置いて開発された。10年前と比べると10％は糖度が違う。栽培しやすくかつ歩留まりがよいため、生産者は喜んでいる。

特産品のもうひとつに安納芋がある。これは鹿児島県農業試験場（現・農業開発総合センター）熊毛支場で開発され、品種登録された。種子島の安納地区で島独特の土壌と潮風によって育まれた。

このように、主要農産物以外にも国や自治体の経営する公的な種子の開発と保存はなくてはならない。その土地の土壌・風土に適したものを栽培する農民と、地道な協同によって生産し守ってきた。

メキシコのトウモロコシの轍を踏んでいいのか

こうした日本の農を支える構造を破壊する動きが起こった。2016年10月に規制改革推進会議農業WGが「地方公共団体中心のシステムで、民間の品種開発意欲を阻害している」として、主要農作物種子法の廃止を提言、2017年2月にこれを閣議決定して4月に廃止法案が国会で議決された。

主要農作物の種子をめぐっては、すでに日本モンサント社などが国内企業と提携し開発した品種を販売している。しかし高すぎて売れない。そこで流通している廉価な公的種子をやめさせようというのが本質である。まさに多国籍企業の利益誘導と言うしかない。

メキシコは1994年にアメリカ、カナダと北米自由貿易協定（NAFTA）を結んだ。メキシコの主食はトウモロコシとそこからつくるトルティーヤである。その頃全国で7000種類もの品種が栽培され自給されていた。そこにモンサント社の遺伝子組み換えトウモロコシが輸出補助金付きで乗り込んでくる。そして一気に種子は塗り替えられた。

職を失った農民の流出でアメリカへの不法移民が激増し、カルフォルニア州をはじめとする大農園の無権利労働としての下支えとなっていったことは有名である。誰が好き好んで故郷を捨てるだろうか。NAFTA締結と国の制度改変が農村を破壊したのである。

農協と生協が地域に根を張ることから

種子島では、葬祭会場のセレモニーホールを農協が経営している。このおかげで村人は精神的、経済的に負担がかかる葬儀を静かに執り行なえるようになった。農協は、冠婚葬祭から共済、総合福祉、医療など全国各地で多彩な事業を通じ、村を守っている。世界に誇る総合協同組合で、多国籍企業にも比肩する大きな力を発揮している。

パルシステムをはじめとする生協もまた、全国で食の安全安心から暮らしを守る協同を広げてきた。生産と消費が各地で連携し、顔の見える深い絆をしっかりつないで地域に根を張っていく。もっと相互に乗り入れて力強い経済の参加型民主主義を築くべきだと思う。

日本の農村に見られるように、地域社会は経済活動だけでは成り立っていない。地域の催事や学校行事、寺社の祭りなどは、住民参加でこなさなければならない。これらの活動に欠かせない自治体、農協、生協は、公益的活動を通じて全国各地の隅々までフォローしていく必要があるだろう。

食と農を守る協同を地域から

市場原理主義と新自由主義の果てにあるのは、究極の富の集中と貧困の拡大である。それだけではなく自然と資源の浪費と破壊、そして暴力と戦争という世界的な大乱の予兆がある。多国籍企業の暴走を止め、公、民、協同、共有の心豊かな田園地域を守り、発展させなくてはならない。

それには2012年の国際協同組合年を契機にスタートしたIYC記念全国協議会（注1）のような活動に、それぞれの地域でより精力的に取り組む必要がある。地域横断的に連携して相互乗り入れや協力によって、100年先の豊かな地域づくりを開花させることが可能となるはずだ。種子法廃止を覆す都道府県での協同の戦いを下から築きあげていくことが求められている（注2）。

農業をしている人、食べ物にこだわる人は、自然を愛し村を愛し平和を希求している。その底力は地域にある。新自由主義に対抗できるのは協同の力にある。この農と食こそ生命の根幹だ。これを基本に大胆に協同の経済を広げていきたい。

注

（1）2012年を国際協同組合年（IYC）とする国連決議を踏まえ、協同組合の価値や現代社会で果たしている役割などについて、広く国民に認知され、協同組合運動を促進させる目的で設立された。

（2）農協・生協を中心に種子法廃止に反対する人びとによって、公共品種を守る法律を新たにつくろうという動きもはじまっている。日本の種子《たね》を守る会 https://www.taneomamorukai.com/

やまもと・のぶじ 1978年に調布生協（東京）入職。同生協専務理事、首都圏コープ事業連合（現・パルシステム生協連）商品部長などを経て、2011年パルシステム生協連合会理事長に就任。2015年同連合会顧問就任、現在に至る。2008年には農協人文化賞を受賞。「日本の種子《たね》を守る会」発起人代表で、現在幹事長をつとめる。

参考にしたい本・資料

種子法廃止の背景と影響、種子システムの未来

久野秀二「主要農作物種子法廃止の経緯と問題点―公的種子事業の役割を改めて考える―」（京都大学大学院経済学研究科ディスカッションペーパーシリーズ、No.J－17－001、2017年4月）

種子法廃止の経緯と背景、問題点、公的種子事業が海外でどのように行なわれているかについて、種子制度や種苗事業を専門に研究してきた著者が資料に基づき、詳細に整理している。専門的資料だが、京都大学大学院経済学研究科のWebサイトから誰でも閲覧することができるので大変便利。

http://www.econ.kyoto-u.ac.jp/research/dp/

なお、このディスカッションペーパーの前半を中心とした要旨は次に簡潔にまとめられている。

久野秀二「主要農作物種子法廃止で露呈したアベノミクス農政の本質」（『農村と都市をむすぶ』2017年6月号、42－50頁）

西川芳昭『種子が消えればあなたも消える』（コモンズ、2017年）

「タネ屋の息子」であり、種子システムの専門研究者である著者が種子について一般の人向けにまとめた最新の本。種子法をめぐっても冒頭に詳述。廃止の影響を冷静に分析している。その一方で国主導の品種誘導と農家の主体性との関係を含め、品種と種子をめぐる広範な議論を整理しつつ、廃止を奇貨として多様な農家が参画できる新しい種子システムを構築することを提唱している。種子を生活文化という広い視点からとらえなおす好著。

著者は種子法廃止法案を審議した農林水産委員会で参考人として見解を述べている。その内容は次のWebサイトで閲覧できる。

国会会議録検索システム・第193国会参議院農林水産委員会平成29年4月13日

http://kokkai.ndl.go.jp/SENTAKU/sangiin/193/0010/main.html

また、同じ著者の『作物遺伝資源の農民参加型管理』（農文協、2005年）は、アジア・アフリカ、アイルランドや広島のジーンバンクの実践まで、現地調査をふまえて、遺伝資源をNPO、NGO、農民が参加して管

理するあり方を提言している。『種子が消えればあなたが消える』の基礎となった研究書として、あわせてお読みいただきたい。

また、**根本和洋氏との共著『奪われる種子・守られる種子』**（創成社新書、2010年）は、商業的な栽培に不向きな在来品種や地方種などを、個人レベルだけでなく、小規模種苗会社や市民組織と農民との連携によって採種・流通させる仕組みをイギリス、オランダ、ドイツをはじめ、途上国や日本の実践をとおして描いている。

稲や雑穀の育種の歴史・民俗

菅洋『育種の原点 バイテク時代に問う』（農文協、1987年）

明治後期以降、試験場での稲の近代的育種がはじまって農民自身による育種が急速にすたれていくなか、唯一ともいえる例外が山形県庄内地方における農民育種であった。この地では明治以降も農民が人工交配を学び、昭和20年（1945）の終戦以降も品種改良が続けられ、多大な成果を上げてきた。その足跡を詳細にたどる。

稲の農民育種と試験場での育種との関係については**西尾敏彦『農業技術を創った人たち』**（家の光協会、1998年）が人物伝風読み物としてまとめられていて読みやすい。

守田志郎『農業にとって進歩とは』（農文協、1978年）

農民の「品種づくり」から官による「育種」への移行と、稲の奨励品種制度など官僚統制が農民の営みを狭めたことを問うている。農民の主体性・自立性を重視する立場からこのような指摘がなされていることも、新しい種子制度を考えるうえで押さえておきたい。

増田昭子『在来作物を受け継ぐ人々 種子は万人のもの』（農文協、2013年）

「種子はよその家に分けておくもんだ。分けておけば、種子が戻ってくる」（山梨県上野原市西原・中川智さんの言葉）。雑穀を訪ねる旅40年の民俗学者が、雑穀を中心とする地方在来品種の栽培・保存・交換の伝承と実践から農家の「種子観」を明らかにする。また、東日本大震災をふまえ、災害に備えた種子・食料の保管・備蓄制度のあり方を問うている。「公共財としての種子」を農家の語りと行動を丹念に記録することをとおして表現した本である。

農文協ブックレット 18
種子法廃止でどうなる？
種子と品種の歴史と未来

2017 年 12 月 5 日　第 1 刷発行
2018 年　5 月20日　第 4 刷発行

編者　一般社団法人　農山漁村文化協会

発行所　一般社団法人　農山漁村文化協会
〒107-8668　東京都港区赤坂 7 丁目 6-1
電話　03（3585）1141（営業）　03（3585）1144（編集）
FAX　03（3585）3668　　振替　00120-3-144478
URL　http://www.ruralnet.or.jp/

ISBN978-4-540-17169-7
〈検印廃止〉

DTP 制作／㈱農文協プロダクション
印刷・製本／凸版印刷㈱
乱丁・落丁本はお取り替えいたします。